品味茶文化

探寻中华文化之美

孙晟◎著

吉林大学出版社
·长春·

图书在版编目（CIP）数据

探寻中华文化之美：品味茶文化 / 孙晟著 .—长春：吉林大学出版社，2022.9

ISBN 978-7-5768-0693-9

Ⅰ.①探… Ⅱ.①孙… Ⅲ.①茶文化—研究—中国 Ⅳ.① TS971.21

中国版本图书馆 CIP 数据核字（2022）第 186817 号

书　　名　探寻中华文化之美：品味茶文化
　　　　　TANXUN ZHONGHUA WENHUA ZHI MEI：PINWEI CHA WENHUA

作　　者　孙　晟
策划编辑　张文涛
责任编辑　王宁宁
责任校对　张　驰
装帧设计　尚书堂
出版发行　吉林大学出版社
社　　址　长春市人民大街 4059 号
邮政编码　130021
发行电话　0431-89580028/29/21
网　　址　http://www.jlup.com.cn
电子邮箱　jldxcbs@sina.com
印　　刷　北京亚吉飞数码科技有限公司
开　　本　787mm × 1092mm　1/16
印　　张　14
字　　数　155 千字
版　　次　2022 年 9 月　第 1 版
印　　次　2022 年 9 月　第 1 次
书　　号　ISBN 978-7-5768-0693-9
定　　价　86.00 元

序

“茶者，南方之嘉木也。”茶是一片树叶，在其生命绽放的过程中改变着人们的生活方式。中国茶文化源远流长，历经几千年的时空流转，给无数人带来心灵的悸动。

茶，是一种生活方式。心素如简，人淡如茶。茶是最健康的天然饮品，它带给人们的不只是物质品饮的需求，还有精神世界的充盈。“以茶可雅志”，中国茶代表着独属于中国人的文化传统。古往今来的人们都饮茶、爱茶，在茶香弥漫中平凡的生活更有了仪式感，于是茶成了生活中不可或缺的调味品。

了解茶文化的内涵，对中国茶文化的源头及发展脉络进行梳理，是初窥茶文化的门径；中国茶叶种类繁多，识茶、赏茶是爱茶之人必备的功课；水为茶之母，器为茶之父，好的茶具能为品茶带来更好的体验；烹茶煮茗，与两三好友相约，共啜杯中甘醇味道，确是人生雅事；不同地域的茶文化各有特色，妙趣横生，不变的是人们对茶的钟爱；茶与名士、艺术向来都有不解之缘，这些因素的完美结合是茶文化得以发展、茶道思想得以形成、中国茶逐步走向世界的重要基础。

本书从不同的角度和层面对中国茶文化的整体风貌进行了具体的展现，全书结构清晰，内容全面，图文并茂。本书还特别设置了“指点迷津”“茶谚妙语”两个板块，带你全面领略中国茶文化。“指点迷津”为你解读识茶、泡茶、品茶过程中的茶知识，“茶谚妙语”则通过对日常生活中耳熟能详的与茶相关的名句、谚语挖掘其背后的深刻内涵，让你了解更多茶文化。

无由持一碗，寄与爱茶人。茶杯中起起落落的茶叶就像浮浮沉沉的人生，尽情地享受其中的过程，才能品味到茶中真味，就让本书伴随着我们感受那一缕馥郁的芬芳吧！

作　者

2022 年 3 月

目录

导言

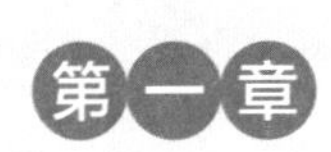

第一章 穿越时空，溯源茶文化

不同品类，茶香满室

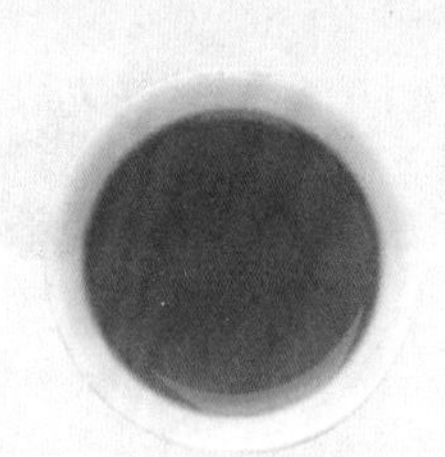

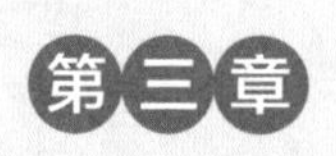

茶具之美，古典雅致

第四章 烹炉煮茶，芳气满闲轩

第五章 风味人间，品馥郁香茗

第六章 不同区域，大小传统

洗尽古今，茶香幽远

导言

中国是茶的故乡，也是茶文化的发祥地。生活中人们常说“早起开门七件事，柴米油盐酱醋茶”，人们将茶与柴米油盐相提并论，其重要性不言而喻。“茶文化”三个字看似与我们的日常生活有一定的距离，其实不然，平日里我们选茶、鉴茶、品茶的行为，都属于茶文化的一部分。一壶好茶，不仅满足了我们的物质生活，同时也丰富了我们的精神世界。

茶文化是什么？

何谓茶文化？对此，不同的人有不同的理解。当我们将它作为一门学科去专门探讨时，其内涵就变得极其丰富了。一般认为，茶文化指的是人类在种植、生产、使用茶的过程中，以茶叶作为载体，表达人与人、人与自然之间产生的各种思想、理念、情感的总和。从广义上讲，茶文化包含了茶叶的种植、生产、流通、品饮，以及茶的精神内涵，即人们在研究茶、应用茶的过程中所产生的各种文化与社会现象。简言之，茶文化就是人与茶叶之间各种活动的总和，它是物质文明与精神文明和谐统一的产物。

茶味人生

细品茶文化

茶文化并不是一门高深莫测、曲高和寡的学问，相反，它本身的性质和特点与我们普通人的生活息息相关，从古至今，都是如此。茶文化有以下几个特征。

茶文化的广泛性和社会性。茶文化的广泛性和社会性指的是饮茶文化已经渗透到社会生活的各个领域和阶层，有着十分广泛的社会基础。自古以来，不论是钟鸣鼎食的富贵之家，还是吃着粗茶淡饭的普通百姓，他们的生活中都离不开茶。也许不同身份、不同阶层的人们对于茶叶品质的要求不一样，饮茶方式不一样，但人们对于茶叶的推崇和需求却是一致的。

茶文化的民族性和区域性。中国幅员辽阔，民族众多，不同民族、不同区域的人们都酷爱饮茶，但各自又体现出独特的一面，这也使得中国茶文化更加千姿百态、丰富多彩。以民族为例，蒙古族有咸奶茶，藏族有酥油茶，土家族有擂茶，傣族有竹筒香茶，尽管不同民族的茶俗有所不同，但对于饮茶的追求是相同的。再以地域为例，大体上南方人喜欢喝绿茶，北方人崇尚花茶，东南沿海的福建、广东和中国台湾地区的人们最喜乌龙茶，西南地区则喜欢普洱茶，不同种类的茶也呈现出了多种多样的品饮方式。

茶文化是物质文化与精神文化的高度结合。人们总能在品饮茶汤的过程中得到感官上的享受，进而创造出许多精神财富。茶文化是雅俗共赏的，文人墨客将茶与各种艺术形式相结合，创造出了具有更高欣赏价值的艺术作品，民间百姓将茶融入日常生活，创造出了质朴、大众的生活智慧。茶文化的功能是多样的，茶除了满足人们的日常品饮需求，还满足了人们的审美情趣，茶艺、茶道不仅带给人们休闲和娱乐，更带给人心灵的慰藉，灵魂的洗涤。

茶艺表演

穿越时空，溯源茶文化

茶是大自然馈赠给人类的礼物，当它被人们发现之后，就展现出了非凡的功能。中国人对茶叶进行栽培和利用，推动了农业和医学的发展。随着时间的推移，中国人又将饮茶方式不断改进，带给后人无尽的乐趣和享受。当我们品饮一杯清茶时，不禁要问，这神奇的叶子究竟来自何方呢？

茶树的起源与分布

茶树到底来源于哪里？自古以来，世界上大多数学者都认为中国是茶树的原产地，这是被大家公认的事实，不存在任何疑问。然而，近代以来，一些外国研究者也提出了不同的观点。有英国学者提出印度是茶树的原产地，证据是在印度阿萨姆偶然发现了一棵野生茶树，这显然不足为凭。另有一些学者认为茶树原产地并不局限于一国一地的人为界线，在中国云南或东南亚各国中，凡是自然条件适合茶树生长的区域，都是茶树的原产地。这种观点缺乏严谨的学术论证，完全是一种根据当代茶树分布情况进行的简单推测，因此也缺乏权威性。

当“茶树原产中国”的观点遭到外国学者质疑时，国内学者们开始意识到，原本被公认的事实遭到了前所未有的挑战，因此他们在翻阅史料的同时前往云贵高原等地进行实地考察，为茶树原产中国找到了确切的依据。1923 年，吴觉农先生撰写了《茶树原产地考》一文，这篇文章对茶树起源于中国做出论证，驳斥了外国学者的错误观

神奇的东方树叶

点（周圣弘、罗爱华，2017）。1979年，吴觉农等人又发表了《我国西南地区是世界茶树的原产地》一文，作者运用古地理、古气候、古生物学的观点进行研究，认为茶树的原产地应该在中国西南部云南省、四川省、贵州省交界的地区，由于喜马拉雅运动的作用，横断山脉和云贵高原地区分割出许多小地貌区和小气候区，原本相对集中的茶树品种被分割在了不同的气候区，向着与自身环境相适应的方向发展开来，于是有了掸部种、大叶种、小叶种等类别（吴觉农、吕允福、张承春，1979）。虽然当代茶树品种繁多，且分布地域广泛，但它们的祖先却是同一个。

除了权威的学术研究论著，在我国还有许多野生大茶树集中分布区。据不完全统计，我国10个省区共发现了198处野生大茶树，在云南省有10多株直径超过100厘米的野生茶树。在植物学上，山茶科植物共有380余种，分布在我国西南地区的就有260多种，已发现的茶树植物约有100种，我国西南地区有60多种，这些科学研究有力地证明了世界茶树的原产地是中国西南地区（周圣弘、罗爱华，2017）。

世界茶树的原产地位于中国西南地区，随着时间的推移以及茶树品种的不断传播、移植，形成了如今中国不同地域各具特色的茶叶分布状况。

勐库大雪山壹号古茶树

中国茶树的传播路径

茶树既然起源于中国的西南地区，为什么现在全国有很多省份都有着自己的茶叶种植产业和茶叶品牌呢？这当然是茶树传播的功劳。茶树最初起源于中国的云南、四川、贵州一带，之后由四川向北传播到了陕西南部，由于地形和气候的原因，沿着秦岭一淮河一线向东南方向传播，于是湖北、河南、安徽、江苏也有了茶树。从江苏省再向南传播，于是浙江、福建也开始广泛种植茶叶，再加上一些小区域的传播，便形成了中国当下的茶叶产区和分布。

春山采茶

茶的雅号别称

从古至今，茶都受到人们的钟爱，在与人们朝夕相处的过程中，茶也被赋予了不同的雅号别称，这些名字大多与文人雅士相关，他们用艺术、唯美的方式向世人展示了茶的魅力。

茗

茶圣陆羽在《茶经》中说，除了“茶”以外，茶还可以被称为“槚”“蔎”“茗”等。其中，“茗”最为人们所熟知，在当代也是茶的雅称，所以人们常说香茗、佳茗、品茗，还有一些人会将“茗”字用在人名当中，表达对茶的喜爱。

一杯香茗

不夜侯

“不夜侯”这个名字听起来就很有意思，说茶“不夜”，实际上是概括了它具有提神醒脑的功效。晋代张华在《博物志》中说：“饮真茶令人少睡，故茶别称不夜侯，美其功也。”生活中，当人们困倦时，也经常喜欢泡一杯清茶提神。

香气飘溢的乌龙茶

涤烦子

“涤烦子”，就是洗涤内心的烦恼，这一功效显然与饮茶人的心境有关，具有一定的禅意。传说古代有一人正在烹茶，朋友问他烹煮的是什么，他回答说：“涤烦疗渴，所谓茶也。”从此茶就有了“涤烦子”的称号，唐代的施肩吾也曾写诗赞咏：“茶为涤烦子，酒为忘忧君。”

普洱生茶

清风使

“清风使”的名字主要来自唐代诗人卢仝所作的《七碗茶诗》，他在诗中描写到饮茶七碗后，“惟觉两腋习习清风生，蓬莱山，在何处？玉川子乘此清风欲归去”。从此之后，爱茶之人就常把茶叶称为“清风使”，在五代十国时期流传甚广。

除了上文介绍的“茗”“不夜侯”等，茶还有其他很多雅号别称，例如“清友”“甘露”“雀舌”“仙芽”“碧霞”“苦口师”“消毒臣”等等，这些优雅的名字是从古至今人们爱茶的见证。

红茶干茶

陆羽与《茶经》

提到茶文化，就不得不提茶圣陆羽和他的经典著作《茶经》。

茶圣陆羽雕像

陆羽是唐代著名的茶学家，同时也是一位诗人。他一生嗜茶，对茶道有十分精深的研究，陆羽撰写了世界上第一部茶学著作《茶经》，这在世界茶叶史上都是划时代的经典之作，更是奠基之作。基于陆羽对茶文化做出的卓越贡献，后人将他尊称为“茶圣”，也有人称他为“茶仙”“茶神”。

《茶经》这本书之所以经典，在于它成书时间早、内容极其丰富，并且是现存最完整、最全面的茶学百科全书，书中的很多观点、理论千百年来一直被采用，具有很强的指导意义。《茶经》中论述了茶叶的起源、茶叶生产的工具、茶叶制作过程、煮茶及品茶的器具、烹茶方法、品饮方法、茶叶的历史和产地等，并且以图画的方式表现了制茶、烹茶、饮茶的各个环节，图文并茂，作者用艺术的手法对农学的内容进行了精彩的呈现，对于茶叶的生产发展起到了巨大的推动作用。

《茶经》中的智慧

《茶经》中有很多被后人熟知的经典名句，带给我们许多茶学知识，下面试举几例。

第一，“茶者，南方之嘉木也。”这是《茶经》的第一句，向人们介绍了茶叶的生长地，并给茶起了一个美妙的名字——嘉木。

第二，“水为茶之母，器为茶之父。”这两句向我们说明了烹茶过程中除了茶叶之外的两个至关重要的因素：水与器皿。

第三，“其水，用山水上，江水中，井水下。”这句强调了水质的重要性，烹茶以山泉水最佳，江河水次之，井水品质较差，这一观点与现代泡茶的要求完全一致。

泡茶的优质用水——山泉水

古人饮茶，从奢侈品到必需品

茶叶的饮用源于上古的巴国和蜀国(古巴、蜀两国皆位于今天的四川省境内)，秦灭巴蜀(公元前316年)后传播开来。到了汉代，长江中游的荆楚地区已经有饮茶的风俗了。唐代是中国饮茶历史的重要转折时期。唐代以前，饮茶并不普遍，主要流行于南方地区，以野生茶叶为主。唐代以后，茶叶消费沿着两条不同的路径得到迅速发展：一是品饮名茶在皇室贵族中流行；二是饮茶在下层民众中从南到北扩散。据记载，唐玄宗开元年间，茶叶店铺众多，饮茶成了人们生活中的一部分。然而王公贵族、文人集团与下层民众在饮茶上的区别还是非常大的，一般民众由于经济能力有限，或者喝品质不好的茶，或者根本没钱喝茶。

安史之乱前，茶叶消费呈现以食用药用为主、饮茶寓意俭朴和南北饮茶差异大三个特点。安史之乱后，饮茶出现了绅士化的特点，即形成了以陆羽为中心的茶文人圈这一新的绅士群体，他们讲究使用精细的茶具和繁复的煮茶方法，重视茶叶的原味及其所带来的精神享受。由于以陆羽为首的茶文人群体推崇饮茶，并且有《茶经》这一茶学著作对于茶叶的生产制作、品饮方法等进行指导性论述，唐代的饮茶之风渐渐兴盛，新的品茶风尚风靡社会，并对后世产生了深远的影响。

唐代宗广德年间，陆羽在江苏常州一带建立了自己“识茶之人”的形象，他所推荐的宜兴所产的阳美茶和顾渚山所产的紫笋茶得到地方官员的赏识，并且通过地方官员进献给皇帝，最后成为贡茶。后顾渚山还建立了贡茶院，成规模地种植茶树和加工茶叶，集聚了当时最先进的茶叶生产和加工技术，这标志着南北方“爱茶”的观念达成了一致。饮茶渗入宫中日常生活，甚至进入了重要的节日仪式场合，且在上层社会以一种“高雅”之姿风行，成为当时的一种时尚。

另外，陆羽在文人隐士中也推广和实践着自己的品茶思想，并逐渐成为圈中有影响力的人物，与他常交往的文人有皎然、颜真卿等。一边品茶一边吟诗是文人们聚会的常态。“大历十才子”中的耿湋盛赞陆羽：“一生为墨客，几世作茶仙。”由此可见，在品茶方面，陆羽在文人集团中已经享有很高的声望，并引领着消费潮流。

唐代茶叶从廉价物一跃而成为贡品，其经济和社会价值都发生了重要变化。茶被人为地划分成不同的等级：皇帝喝的是贡茶，名士官员喝的是名茶，下层民众喝的是粗茶。而煮茶器皿的材质和对它们的使用也烘托出饮茶者的不同身份：皇帝用的是金器，名士官员用的是24件套的茶器，二者对泡茶的水质、水温和煮饮的程序都非常讲究，而一般人则用的是简单的茶具，喝茶的程序也尽量简化。茶叶的价值

陆羽井——陆羽品定过的山泉水

在名茶评定、泡茶技艺和茶器使用中被塑造出来。用不同的方式享用不同的茶成为饮茶者身份的具象表现之一。

唐代饮茶文化体现了当时人们消费绅士化的特点，在中国饮茶历史中具有承前启后的重要作用，它对后世的饮茶方法、茶具和茶道更是产生了深远的影响。有了茶文人集团的大肆推广，自唐朝开始，饮茶之风盛行，茶叶也逐渐成为人们生活中的必需品。

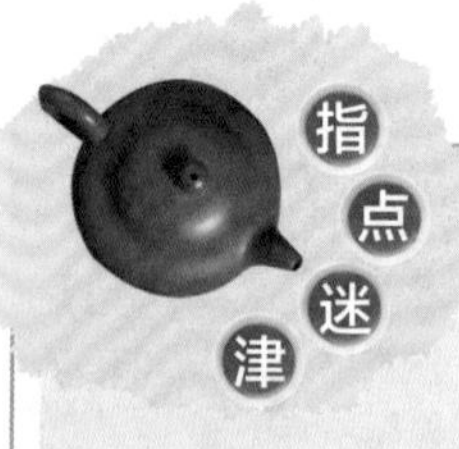

古人是如何饮茶的

国人从古至今都喜欢饮茶，但古人的饮茶方式和我们现代人有很大的区别。最初，人们是将新鲜的茶叶直接烧煮，喝的是“茶粥”。后来人们觉得茶粥苦涩味太重，于是加入了葱、姜、橘皮等调料，掩盖茶粥的苦涩，再后来有人将茶叶研成粉末冲饮。随着时间的推移，被我们当代人所接受的是将茶叶制作成干茶，直接用沸水冲泡。

抹茶

世事浮沉，悟茶饮之道

何谓茶道

对于“茶道”一词，我们并不陌生，但它似乎又是抽象的，与我们的生活有着一定的距离。事实上，对于茶道，不同的人有着不同的理解，它也并没有一个确切的定义。

吴觉农认为，茶道就是将茶当作一种高尚、珍贵的饮料，通过茶获得精神上的享受，从而达到修身养性的目的（吴觉农，2005）。

庄晚芳则认为，中国茶道的基本精神可用“廉、美、和、敬”来概括和诠释（庄晚芳，1988）。

还有学者认为，茶道就是饮茶过程中包括茶艺、茶礼、茶学等多个方面带给人的感受。

给茶道下一个确切的定义不是一件简单的事情，但我们可以将茶

道简单地理解为，通过饮茶的形式丰富我们的物质生活和精神世界的过程。

茶与道

茶道的内蕴

茶道是以修身为宗旨的饮茶艺术，有着丰富的内蕴。

内蕴一：饮茶之道。茶道是艺术性的饮茶方式，包括鉴茶、选水、赏器、取火、烧水、烹茶、斟茶、品饮等一系列程序，每一个环节都有更细致、更讲究的内容，简单理解就是“茶艺”所包含的内容。例如，流行于广东潮汕、福建武夷山地区的“工夫茶”就是中国古代茶道的继承和代表。

内蕴二：饮茶修道。如果说茶艺带给人们的是感官上的享受，那么饮茶后的内心感受则是精神世界的提升。通过饮茶，每个人的内心会产生不同的体会，从古代文人的诗句、描述中能总结出来，茶能令人内心宁静，身心舒爽，去除烦闷，洗涤心灵，让人变得恭敬有礼、情趣高雅、平和仁爱。

内蕴三：饮茶即道。这是一个看似玄妙的理解，事实上也是最简单质朴的理解。饮茶即道，意思是我们爱茶、饮茶，选择了这样一种生活方式是最重要的，而不必过于拘泥于烦琐的饮茶程序和饮茶后必须达到的玄妙境界，只要我们选择了自然、从心的饮茶方式，内心自然也是默契的，对于一个人的精神世界必然有一种潜移默化的影响。

人生雅趣，琴棋书画诗酒茶

人生在世，纷繁的世界中总有一些可以让人感受到美妙的事物，当我们不得不面对现实中的“坚硬”时，那些使内心“柔软”的东西会给我们以慰藉。琴棋书画诗酒茶，人生七大雅趣，有美好的事物相伴，才会感受到岁月静好。

古琴，泠泠七弦，清微淡远，引人遐思。当一块木板与几根丝弦结合在一起时，就产生了动人的音乐，时而远山如黛，时而鸟语花香，时而夕阳如画，时而萧瑟肃杀，古琴演绎的是人与自然的和谐。

围棋，方寸之地，纵横交错，黑白子共同塑造了一方天地。小小棋盘上不停地落子起子，棋手的内心却包含着一个精深复杂的世界。不可贪胜，不可不胜，人生如棋，落子无悔。

书法，一搦湘管，书写世界。书法是一门从心的艺术。内心的平和淡然、惊涛骇浪尽在笔端跳动。千百年来，这线条的艺术让人流连忘返，一幅幅传世佳作令人心驰神往。

古琴演奏

围棋对弈

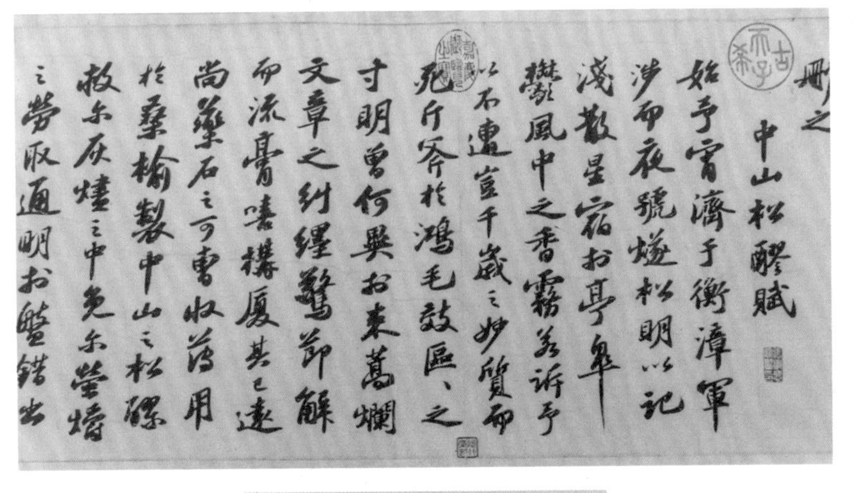

书法艺术（苏轼《中山松醪赋》）

国画丹青，不同色彩的搭配渲染，画家笔端的勾勒描绘，呈现出了现实中的大千世界。江南水乡、塞上风情、春花秋月、夏雨冬雪，泼墨之间，让人们尽收眼底。

腹有诗书气自华，常读诗、写诗能让我们灵魂更加深沉，为人处事却更加乐观。不必为蝇头小利钻营，不必被无谓的忧愁困扰。每个人的人生都有自己的韵律和节奏，如何去吟咏书写，需要自己去决定。

茶者，南方之嘉木也，茶是大自然的馈赠。水与香的美妙结合，让人品味着世间百态。无由持一碗，寄与爱茶人。当我们被那一片神奇的东方树叶所吸引时，不妨走进那丰富多彩的茶的世界。

国画丹青（吴历《模宋元人山水册》之仿关仝山水）

烹茶

浅茶满酒

“浅茶满酒”从字面意思理解就是斟茶不能满，斟酒需要满杯，那么为什么斟茶和倒酒有这样的区别呢？原来，在中国文化当中，斟茶斟满是对他人的不敬，一方面斟满茶可能烫伤他人，另一方面还会被理解为有驱赶客人的意思，所以斟茶以七分满为宜。倒酒则不然，斟满酒表示对人的尊敬、热情，满杯酒才是待客之道。

第二章

不同品类，茶香满室

中国是茶的国度，茶叶的品类非常多。中国茶叶按照制茶工艺的不同可以划分为绿茶、红茶、黄茶、白茶、黑茶和乌龙茶六大茶类。除此之外，一些茶客还喜欢喝花茶，更加丰富了中国茶叶的种类。当看到琳琅满目、各式各样的茶叶时，我们不禁感叹中国茶叶品类之丰富，同时也不禁会产生疑问，各种茶叶之间到底有什么区别呢？下面就来认识一下茶香各异的中国茶叶。

绿茶：清新绿润，鲜爽自然

绿茶是我国茶叶产量最大，同时种类也最多的茶种。按照干燥和杀青方式的不同可以分为炒青绿茶、烘青绿茶、晒青绿茶、蒸青绿茶，其中以炒青绿茶和烘青绿茶为主。绿茶是不发酵茶，其总体特征是清汤绿叶，滋味鲜爽，清新自然。不过，绿茶品种众多，不同的绿茶又有自己独特的风格特征。

龙井茶

龙井茶是绿茶的一个品种，世人皆知西湖龙井，但龙井茶并非只生长在杭州的西湖区。西湖龙井品质上乘，是龙井茶中的精品。但随

着龙井茶市场需求的扩大，其种植区域也早已向外围扩展。当下龙井茶种植的区域主要在浙江省境内，但根据产区的不同，名称和品质也有所差别。

龙井茶按产区分类：产区在杭州市西湖风景区范围内的称为西湖龙井；产区在杭州市范围内的（不包括西湖区）称为钱塘龙井；产区在浙江省范围内的（不包括杭州市），像绍兴、金华、诸暨等地的称为越州龙井。

龙井茶按采摘时间分类：大多数绿茶都有明前茶、雨前茶的分类，清明节之前采摘的龙井称为明前龙井，芽叶细嫩、鲜绿，滋味淡雅，品质上佳；清明节后，谷雨之前采摘的龙井称为雨前龙井，雨前龙井由于生长时间长，雨水充足，叶片较为宽大，滋味相比明前龙井厚重。

龙井茶

洞庭碧螺春

碧螺春历史悠久，其产于江苏省苏州市吴县的洞庭山（今苏州吴中区）。由于茶叶色泽银绿、卷曲成螺、产于春季，因此称为碧螺春。碧螺春纤细的条索被冲泡后在杯中如白云翻滚，香气袭人，深受茶客的青睐。

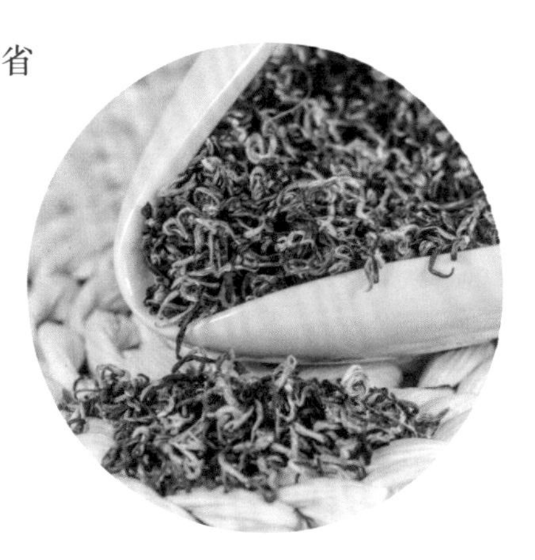

碧螺春

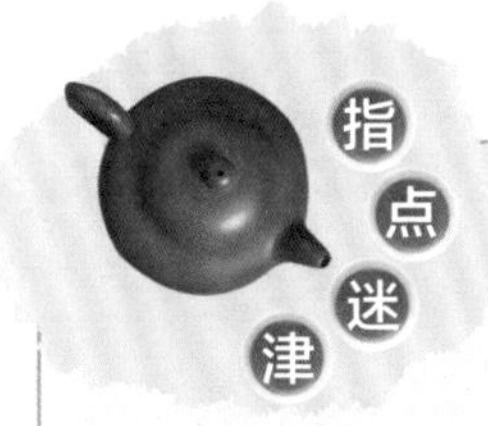

碧螺春名字的由来

碧螺春名字十分雅致，不过最初这种茶并不叫碧螺春，而叫作“吓煞人香”。这是因为早年人们将这种茶叶烹煮饮用后觉得“此香吓煞人”，就索性叫它“吓煞人香”。后来康熙南巡，品尝到了此茶，认为“吓煞人香”这个名字虽然表现出了茶叶的品质，但有些不雅。康熙皇帝见汤清水绿，茶叶卷曲成螺，又是在春天采摘制作，就将其命名为“碧螺春”，从此“碧螺春”的大名享誉全中国。

信阳毛尖

信阳毛尖也叫“豫毛峰”，产于河南省信阳市浉河区、平桥区和罗山县，它是中国茶叶中种植纬度较高的品种。信阳地区产茶的记载自古有之，宋代大文豪苏东坡曾经说“淮南茶，信阳第一”，这是对信阳茶叶产区的极大肯定。信阳毛尖茶叶纤细、挺直、光亮，冲泡后茶汤鲜绿，茶毫众多，滋味鲜爽，是河南省著名特产之一。

信阳毛尖

信阳毛尖的选择标准

信阳毛尖冲泡后滋味鲜爽，广受人们的喜爱，那么我们如何去选择上等的信阳毛尖？这里有三个标准——“小”“浑”“淡”。“小”指的是叶片细小，这是上等毛尖茶的特点。“浑”指的是茶汤浑浊，茶汤浑浊并不代表茶叶不干净，是因为信阳毛尖是一种茶毫很多的茶叶，丰富的茶毫在茶汤中上下浮动，茶汤就会显得浑浊，是决定茶叶鲜爽度和口感的一个重要标准。“淡”指的是滋味清新淡雅，上等信阳毛尖采摘的是嫩芽，这决定了它口感清淡而非浓郁。如果信阳毛尖茶口感浓重，那很可能是叶片较大的雨前茶了。

六安瓜片

六安瓜片产于安徽省六安市大别山区，有着悠久的历史和丰富的文化内涵。六安瓜片的采摘和制作有自己的独特之处，它的采摘时间集中在谷雨前后十天之内，并且“求壮不求嫩”，六安瓜片将茶梗剔

除后由单片生叶制作而成，只选用茶叶的二、三叶，为的就是做出上乘的六安瓜片。六安瓜片冲泡后，茶叶鲜绿动人，茶汤清澈，细品一口则口齿留香，令人回味。

六安瓜片

黄山毛峰

黄山毛峰是安徽省黄山市特产，由清代光绪年间谢裕大茶庄所创制。此茶形似雀舌，绿中泛黄，茶毫显露，冲泡后香气幽雅，自然清新，滋味甘醇。

黄山毛峰

太平猴魁

太平猴魁产于安徽省黄山市，久负盛名，其形态扁平挺直，两叶抱一芽。太平猴魁冲泡后，茶叶在茶杯中形态优美，根根茶叶直立舒展，若用玻璃杯品饮，则可边品茶边赏茶。茶汤鲜绿，品饮时能感受到兰花香。太平猴魁因其优异的品质和独特的外形赢得过多项荣誉，有“绿茶茶王”的美称。

太平猴魁

峨眉高山绿茶——竹叶青

峨眉山自古产茶，高山绿茶更是品质上乘，名声在外。改革开放以来，竹叶青茶建立了品牌，成为峨眉高山绿茶的代表。竹叶青茶打造的是高端路线，选取明前茶芽，经杀青、揉捻、烘焙而成。竹叶青茶分为品味级、静心级、论道级，等级越高，价值越高。运用正确的手法冲泡竹叶青，可见颗颗茶芽直立悬浮于玻璃杯中，形态优美自然，品饮此茶令人回味无穷。

竹叶青茶

日照绿茶

日照绿茶有着“中国绿茶新贵”的美誉，是新老茶客心目中当之无愧的高档绿茶。日照作为海边城市，昼夜温差大，与南方内陆截然不同的地理环境赋予了日照绿茶独特的优点。日照绿茶生长速度较慢，产量也较低，但耐冲泡，香气浓，茶汤清亮，一口入喉，生津止渴，温润鲜爽。

按照产季，日照绿茶有着春茶、夏茶、秋茶之分。春茶品质最好，因产量稀少而更为珍贵。秋茶次之，口感清醇，香气浓郁。夏茶品质稍逊于春茶、秋茶，价格实惠。

日照绿茶

红茶：温和醇厚，油润回甘

红茶是一种全发酵茶，其品种较多，大致可以分为小种红茶和工夫红茶。小种红茶创制时间较早，采用“过红锅”和松木烟熏工艺，表现为松烟香、桂圆汤味；工夫红茶起步较晚，采用揉捻等加工工艺，茶汤滋味醇厚，有着浓浓的花果蜜香。红茶干茶色泽红褐乌润，汤色深红，滋味醇厚回甘，尤其适合冬日品饮，受到许多茶友的喜爱。

正山小种

正山小种产于福建武夷山，是驰名中外的红茶品种。正山小种条索肥壮紧实，色泽红褐油润，茶汤泛红，有松烟香、桂圆味，滋味爽口醇厚，回甘明显。

正山小种

金骏眉

金骏眉属于正山小种的分支，是进入 21 世纪后，制茶名家江元勋先生带领团队利用特殊制茶工艺研制而成的。金骏眉只采摘茶芽，数万颗茶芽才能制成一斤金骏眉红茶，可见其珍贵。金骏眉干茶条索密实，色泽为金、黄、黑三色相间，冲泡后汤色泛黄，口感鲜醇，回甘更为突出，是红茶中不可多得的精品。

金骏眉

祁门红茶

祁门红茶

祁门红茶简称“祁红”，产于安徽省南部的祁门县，属于工夫红茶。祁红外形紧细、秀丽、匀整，色泽乌润，干茶气味芳香，冲泡后茶汤呈棕红色，有蜜糖香，上品还会附带兰花香，甘鲜醇厚。

九曲红梅

九曲红梅也叫“九曲乌龙”，产于浙江省杭州市西湖区，属于工夫红茶。此茶由福建武夷山的一些茶农迁居浙江后创制而成。九曲红梅条索纤细呈环状，茶汤清红如红梅，叶底成朵，滋味甘醇馥郁。一些茶农会将桂花掺进九曲红梅干茶当中，制作而成的桂花九曲红梅茶形态更加优雅，滋味更加清香甘甜。

桂花九曲红梅

滇红

滇红就是云南红茶，属于工夫茶，比较有特色的是滇红松针和滇红金芽，因其干茶形态而得名。云南红茶滋味醇厚，汤色清亮红润，在红茶当中品质上乘，深受茶友的喜爱。一些年轻茶友喜欢将滇红茶汤中放入牛奶，自制奶茶，别有一番滋味。

滇红松针

黄茶：金黄光亮，滋味醇和

黄茶与绿茶有一定的相似之处，但是黄茶的制作过程中多了一个闷黄的环节，这一工艺使黄茶轻微发酵，从而具有了黄汤黄叶、滋味醇和的品质特征。

霍山黄芽

霍山黄芽鲜叶

霍山黄芽是安徽省霍山县特产，是黄茶当中的典型品种。干茶外形挺直似雀舌，色泽黄绿，汤色明亮，滋味鲜醇，有回甘，其饮用体验与绿茶有一定的相似之处。

君山银针

君山银针产于湖南省岳阳市洞庭湖中的君山岛，此茶芽头肥大，长短均匀，内面呈金黄色，外层多白毫，故有“金镶玉”的美称。汤色黄亮，香气清新。茶叶在杯中上下悬浮，如竹笋初生，具有观赏价值。

君山银针

白茶：色白如银，清香幽雅

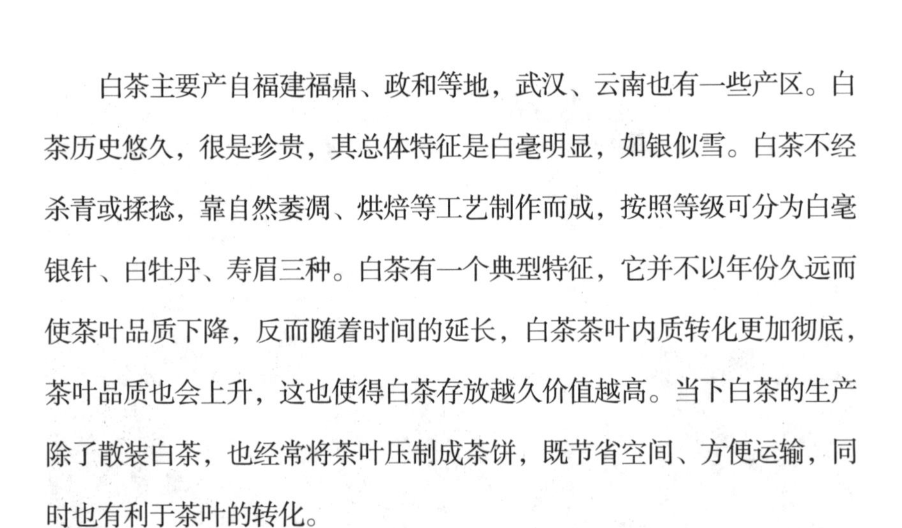

白茶主要产自福建福鼎、政和等地，武汉、云南也有一些产区。白茶历史悠久，很是珍贵，其总体特征是白毫明显，如银似雪。白茶不经杀青或揉捻，靠自然萎凋、烘焙等工艺制作而成，按照等级可分为白毫银针、白牡丹、寿眉三种。白茶有一个典型特征，它并不以年份久远而使茶叶品质下降，反而随着时间的延长，白茶茶叶内质转化更加彻底，茶叶品质也会上升，这也使得白茶存放越久价值越高。当下白茶的生产除了散装白茶，也经常将茶叶压制成茶饼，既节省空间、方便运输，同时也有利于茶叶的转化。

白毫银针

白毫银针是白茶中的珍品，在白茶当中等级最高。因其采摘时只取茶芽，颗颗精选，因而产量很低，同时价格很高。白毫银针满披白毫，色白如银，冲泡后茶色清亮，清鲜甘爽，呈现出幽雅的花香。

白毫银针

白牡丹

白牡丹处于白茶中的第二等级，采摘时取一芽二叶，外形自然舒展，色泽灰绿，白毫均匀分布在叶背上。因其冲泡后在茶杯中形态犹如牡丹花瓣，故称白牡丹。白牡丹茶香气清新，滋味清甜、鲜爽，花香明显。因其价格适中，品质上乘，受到众多茶友的追捧。

白牡丹

寿眉

寿眉采摘时标准没那么严苛，取一芽多叶，甚至没有茶芽，因而叶片大、较为粗放，在白茶中产量最高。一些人也将寿眉称为贡眉，还有一些人认为贡眉是寿眉中的精品，但寿眉更为大多数人所接受。寿眉茶名古朴，叶片色泽呈褐绿色或黄色，形态类似干枯的树叶。寿眉滋味较为厚重，除了花香外，老寿眉通常会呈现出明显的枣香，深受一些老茶客的喜爱。

寿眉老白茶

安吉白茶是白茶吗

浙江省湖州市安吉县有一种茶叶叫作安吉白茶，由于它名字中带有“白茶”二字，许多茶友认为它也是白茶的一种，这种观点其实是错误的。安吉白茶之所以叫白茶，是因为该茶树品种在生长时嫩叶叶片呈白色，所以茶人称其为安吉白茶。事实上它是以绿茶的加工原理杀青、烘干制作而成的，所以安吉白茶属于绿茶。

安吉白茶

黑茶：古朴厚重，陈香浓郁

黑茶干茶呈黑褐色，有陈香，黑茶是后发酵茶，以云南的普洱茶最为著名。

茶饼普洱熟茶

普洱毛青采用“渥堆”的发酵技术，待转熟之后称为普洱熟茶，再经常长时间的贮存（通常需要两到三年，五年以上者为上品），等待味道稳定后就可以饮用了。普洱熟茶通常被制作成茶饼、茶砖，便于贮存和转化。饮用时需要用特制茶刀撬开茶饼，然后根据需要的量投茶。

普洱熟茶茶汤通常色泽红艳，但也会呈现出其他的茶汤颜色，浓淡不一。气味以陈香为主，浸透着自然植物的香气。不同年份的普洱茶还会根据转换程度的不同呈现出不同的滋味，如药香、枣香、果香、木质香等，其中妙处只有茶客自己了然。

乌龙茶：异彩纷呈，齿颊留香

乌龙茶也叫青茶，是中国茶叶中比较特殊却又异彩纷呈的一个茶类。乌龙茶属于半发酵茶，口感上介于绿茶与红茶之间。中国有四大乌龙茶产区，分别是闽北、闽南、广东、台湾地区，每个产区有各自的代表性品种。

为什么叫乌龙茶

传说清朝时期，在福建省安溪县有一位喜好打猎的将军名叫苏龙（因皮肤较黑，人称乌龙），一年春天，乌龙上山采茶，采茶过程中发现了猎物，便去专心打猎，将采摘的茶叶抛在脑后。第二天清晨，才想起昨天采回的“茶青”，没有想到放置了一夜的鲜叶发生了奇妙的变化，茶叶镶了红边，而且闻起来很清新。当其制成茶叶时，滋味清香浓厚，苦涩之味全无。乌龙经过反复琢磨和试验，经过多重工序，终于制出了品质极佳的新茶，人们为了纪念乌龙的贡献，就把这种茶叶命名为“乌龙茶”。

闽北乌龙——武夷岩茶

在乌龙茶的世界里，武夷岩茶赫赫有名，是茶客们饮茶的终极追求，这是因为武夷岩茶产自于“秀甲东南”的武夷山风景区，有着非常多样的品种，口感上有非常多的变化，并且层次分明，妙不可言。品饮武夷岩茶，人们通常会用“岩骨花香”来形容其体验。

◆ 大红袍

大红袍名字的由来，有一个有趣的故事：相传一位举子路过武夷山时得了重病，此地一位僧人取来茶叶给他喝，疾病渐渐痊愈。举子

后来中了状元，回到武夷山问茶叶出处，僧人指了指几棵茶树。状元为了感恩，脱下身上的红袍披在了茶树上，于是此茶得名“大红袍”。大红袍是武夷岩茶中最为著名的品种，其条索紧结，色泽褐绿，汤色橙黄，叶底鲜润有光泽，有馥郁的兰花香，香高持久。

大红袍十分耐冲泡，七八泡仍有余香。如今茶客们饮用的大红袍是从“母树大红袍”上采摘的枝叶，经过无性繁殖逐渐推广开的茶树品种，与母树大红袍有相同的品质特征。位于武夷山九龙窠景区的三棵六株母树大红袍已经禁止采摘，成为著名的旅游景点，每年都会有无数游客前去游览。

武夷山九龙窠母树大红袍

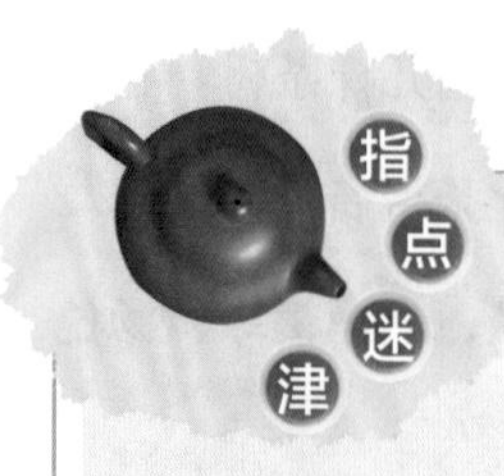

“大红袍”在当代的含义

在当代，大名鼎鼎的武夷岩茶大红袍，具有了多重含义，具体如下。

一是指武夷山九龙窠上的三棵六株母树大红袍。

二是指利用无性繁殖技术，利用母树大红袍的母本培育出来的大红袍茶树。

三是指市场上售卖的拼配大红袍。当前市场上销售的大红袍多数为几种岩茶根据不同比例拼配而成的，它能实现口感上的全面、协调，达到较为理想的饮茶体验。

四是指武夷岩茶这个茶类。武夷山市政府为发展本地特色，已经将大红袍作为武夷岩茶的形象代表，这样有利于扩大其影响力和知名度。

大红袍干茶

◆ 武夷水仙

水仙是武夷岩茶中的当家花旦，其条索粗壮紧结，茶汤清澈，伴有花香，细腻悠长，叶底舒展宽厚。武夷水仙滋味醇厚，有明显的兰花香和木质香，茶汤有黏腻感，喝上等水仙，舌尖慢慢体会，犹如喝稀粥。老枞水仙生长年份较长，“枞味”明显，令人回味。

武夷水仙

◆ 武夷肉桂

肉桂是武夷岩茶中的另一个深受人们喜爱的品种，其叶片较小，干茶有明显的桂皮香，茶汤滋味辛辣霸气，香气浓烈。在当前的武夷岩茶市场，肉桂深受追捧，尤其是产于武夷山牛栏坑、马头岩的肉桂，被称为“牛肉”“马肉”，品质上佳，价格不菲。

武夷岩茶——肉桂

醇不过水仙，香不过肉桂

这两句茶谚是对武夷岩茶两大热门品种的评价，说明武夷水仙和武夷肉桂在茶人心目中都有着很高的认可度。武夷水仙花香明显，有典型的兰花香、木质香，滋味醇厚，茶汤黏腻，这些特征可以用一个“醇”字来概括，所以有“醇不过水仙”之说。武夷肉桂干茶有桂皮香，辛辣霸气的滋味和浓烈的花果香是它最典型的特点，因此人们常说“香不过肉桂”。

◆ 四大名枞

武夷岩茶是一个大的茶类，在这个大家族中有许多的品种，并且有很多有趣的名字。大红袍、水仙、肉桂是武夷岩茶广为人知的品种，此外还有许多小品种。四大名枞是近年来人们公认的具有独特风格特征的四种岩茶，分别是水金龟、半天妖、白鸡冠、铁罗汉，它们在口感上或醇厚或浓烈，是岩茶茶客们经常饮用的品种。

武夷岩茶的制作——揉捻

◆ 梅占

“春为一岁首，梅占百花魁。”梅占是一种茶树品种，根据不同工艺可以将其制成红茶或者岩茶。用梅占制成的武夷岩茶，具有优雅的梅花香，汤色橙黄，清澈明亮，香气清芬，是一种具有典型特征的岩茶品种。

茶青晾晒

上者生烂石，中者生砾壤，下者生黄土

“上者生烂石，中者生砾壤，下者生黄土”是《茶经》中对于茶树生长环境的概括，陆羽认为，上等茶叶生长在烂石缝中，中等茶叶生长在充满碎石的土壤中，下等茶叶生长在黄土之中。这样的论述与武夷岩茶的生长环境及品质完全符合。武夷岩茶较为知名的产区有正岩产区、半岩产区、洲岩产区，三产区中茶叶的生长条件与“上者生烂石，中者生砾壤，下者生黄土”基本是一致的。由此我们也能感受到古人的智慧。

武夷岩茶的生长环境

闽南乌龙——安溪铁观音

闽南乌龙的典型代表就是产自福建省安溪县的铁观音。铁观音外形呈颗粒状，紧结重实，汤色金黄，滋味鲜爽，叶底肥厚。清香型铁观音有天然的兰花香，清新自然。陈香型铁观音香气厚重，为老茶客所喜爱。铁观音十分耐冲泡，上品铁观音七泡香气不散，人们称其为“观音韵”。

铁观音

广东乌龙——凤凰单丛茶

凤凰单丛茶是广东省潮州市潮安区特产，因出产于凤凰镇上的凤凰山而得名。凤凰单丛条索粗壮、匀整，色泽黄褐、有光泽，具有花香高扬、持久的特点。单丛茶滋味浓醇鲜爽，清新回甘。由于此茶形、色、味俱佳，有人赞美它“愿充凤凰茶山客，不作杏花醉里仙”。凤凰单丛根据茶树的不同又分为许多香型，如芝兰香、黄枝香、蜜兰香、大乌叶、鸭屎香等。

凤凰单丛茶

“鸭屎香”的由来

凤凰单丛茶中有一个香型叫鸭屎香，相传曾经有一位茶农种植了一种单丛茶，他发现这种茶树香气高扬，品质上佳，便广泛种植售卖。周围的人们从来没有喝过这种茶，便前来询问茶树品种，茶农生怕自己的茶树被偷走，从此断了财路，他见茶树种植在色如鸭屎的黄土当中，便谎称这种茶树叫“鸭屎香”。从此一传十，十传百，“鸭屎香”名气越来越大，一直沿用至今。现代茶学专家认为“鸭屎香”名字不雅，经过研究论证认为这种茶树与金银花香气接近，便为其改名为“银花香”，然而“鸭屎香”仍然是人们心目中最为熟知的名字。

凤凰单丛老茶树

中国台湾乌龙——冻顶乌龙茶

中国台湾乌龙茶源于福建，但到了台湾地区又有了自己的发展。最早传到台湾地区的茶树品种在台湾地区适应性良好，分布范围较广，在海拔比较高和云雾较多的山坡都有种植。中国台湾乌龙茶因地域和气候的不同呈现出不同的特点，上品冻顶乌龙茶的茶叶气味芬芳、茶汤滋味甘醇厚重，汤色蜜绿带金黄。

中国台湾冻顶乌龙茶

花茶：格调高雅，芬芳四溢

花茶是茶人根据不同消费者的需求制作出来的茶叶，虽不属于中国六大茶类，但它也有着广阔的市场和独特的风格特点，因而自成一家。花茶大致可分为两种，一种是将新鲜花瓣、花朵与以绿茶、红茶或乌龙茶制成的茶坯融合在一起，经过窨制而成，例如茉莉花茶；另一种是纯正的花朵制成的各种花茶，例如菊花茶、桂花茶、玫瑰花茶。

茉莉花茶

茉莉花茶是广大茶友熟悉的品种，其茶坯为绿茶。茉莉花茶是花茶的大宗产品，产量高，品种丰富。

茉莉花茶是将绿茶和茉莉鲜花进行拼配、窨制，使茶叶吸收花香制作而成的。茉莉花茶的发源地为福建福州，它同时具有绿茶和花茶两种香气，其香气清新持久、滋味醇厚、汤色黄绿，是一种健康饮品，在北方有十分广阔的市场。

茉莉花茶

菊花茶

菊花茶是人们的日常用茶，由于它具有清热、去火、明目等保健功能，同时又有菊花本身的香气，受到了许多茶友的喜爱。夏日里，

几片菊花加上两粒冰糖冲泡的菊花茶清热解暑，饮用起来让人觉得十分惬意。菊花茶比较著名的品种有杭白菊和黄山贡菊。

杭白菊

桂花茶

桂花具有天然的香气，一直深受一些茶友的喜爱。虽然单独冲泡桂花饮用的茶友不是很多，但将桂花与其他茶叶拼配饮用，也是一种不错的选择，茶叶本身的香气加上桂花的浓郁芳香，能给人一种特殊的品饮体验。

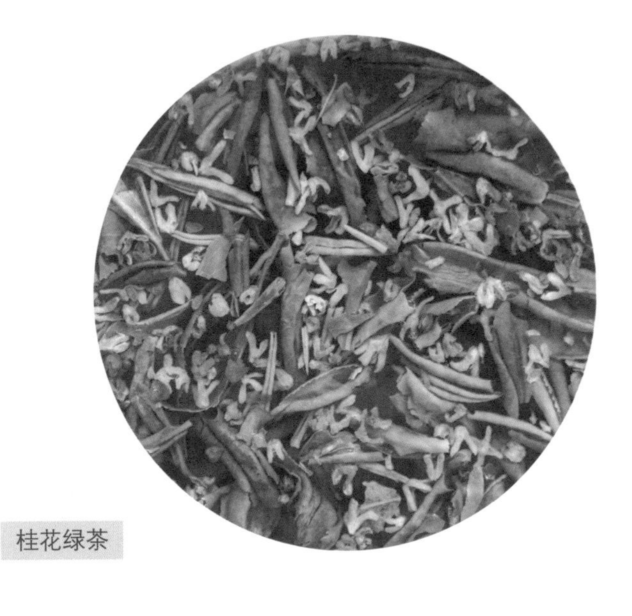

桂花绿茶

玫瑰花茶

玫瑰花茶

玫瑰花茶由茶叶和玫瑰鲜花窨制而成，成品茶甜香扑鼻，茶香与花香完美融合，滋味甘美。玫瑰花茶具有美容养颜、促进新陈代谢等功效。

第三章

茶具之美，古典雅致

饮茶必有器，茶具是茶文化的重要组成部分。《茶经》中说，“水为茶之母，器为茶之父”，形象地说明了茶与茶具的密切关系。中国茶具历经长时间的发展，种类丰富，功能齐全，这些茶具除了能帮助人们泡出一杯好茶，还具有很高的审美价值和文化内涵。下面就来领略一下中国的茶具之美。

丰富多样的茶具

中国茶具是广大劳动人民在饮茶过程中创造的宝贵财富，其多样性既表现在材质上，又表现在功能上。不同材质和器型的茶具我们在后文中会详细论述，这里主要以功能为主，介绍中国茶具的种类。

茶杯

当我们要喝一杯茶时，首先要有容器，所以茶杯就出现了。日常生活中很多人喜欢方便的饮茶方式，例如直接用水杯冲泡，可以使用玻璃杯、陶瓷杯、紫砂杯等等，这就是最简便也最重要的茶具了。

茶杯冲泡茶叶，简洁方便

盖碗

盖碗是工夫茶具中至关重要的成员，它由杯盖、杯身、杯底组成。用盖碗冲泡茶叶，便于控制坐杯时间，快速出汤，实现最好的茶汤口感。乌龙茶多用盖碗冲泡。

三才杯盖碗

公道杯

公道杯也叫茶海，用于盛放盖碗中的茶汤。当一泡茶在恰当的时间泡出茶汤后，将其倒入公道杯中，能让茶汤的颜色、浓度恰到好处，且避免浸茶过久导致茶汤口感不佳。公道杯多为玻璃或者陶瓷材质，透过玻璃公道杯还能欣赏茶色。公道杯上有一个便于分茶的小缺口，用来给客人倒茶。

玻璃公道杯

闻香杯

闻香杯是工夫茶小茶杯的统称，一般杯底较深，当公道杯中的茶汤倒入闻香杯后，可以细细品饮。茶汤喝完后，杯壁会留下茶香，令人回味无穷。

不同器型的小茶杯

茶盘

茶盘即收纳盘，将盖碗、公道杯、闻香杯等茶具雅致地摆放于茶盘上，既实用，又美观。泡茶者可以根据自己的习惯，将茶盘中的茶具放在相应位置。

茶盘与茶器

茶炉

茶炉是煮茶用的炉子，传统泡茶方式中，人们会自己煮水泡茶，所以茶炉就是一个必不可少的工具了。茶炉可以在室内使用，也可以携带到室外。用茶炉煮水，无形中给泡茶增添了几分古意。

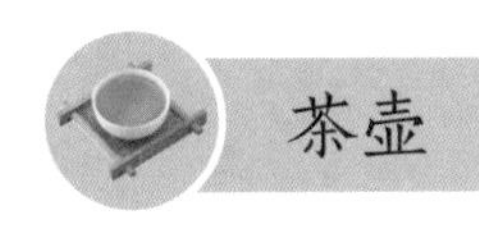

茶壶

茶壶有两种，一种是用来煮水的茶壶，专门用来注水；另一种是用来泡茶的茶壶，壶中盛放的是茶叶和茶汤。有的茶客喜欢用茶壶泡茶，尤其是紫砂壶等名贵茶壶，是不可多得的珍品茶具。

茶炉与茶壶

茶荷

茶荷是一种赏茶用具，多用陶瓷制成，其形状类似荷叶。将即将冲泡的干茶放在茶荷中，人们可以尽情欣赏干茶的形态和色泽，也可以细细感受茶荷中干茶的香气。

装有龙井茶的白瓷茶荷

茶则

茶则是茶叶的计量工具，“则”就是规范、规则，茶则通常是竹制或木制的。饮茶的投茶量也是有讲究的，饮茶者可以通过目测茶则上的茶量，来量取茶叶。

茶则度量茶叶

茶滤

茶滤也叫茶漏，用来过滤茶汤中的细小叶片。一些饮茶者追求茶汤的清澈纯净，不想附带叶片，会用茶滤过滤一遍再饮用。但老茶客们通常不拘小节，不使用茶滤。

高档茶滤

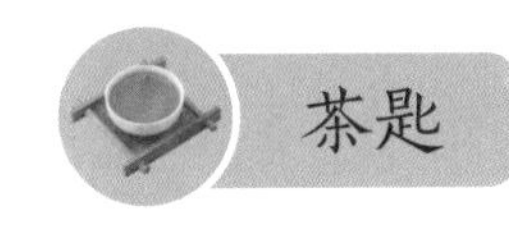

茶匙

茶匙是一种取茶工具，泡茶时取用干茶，直接用手未免不雅，所以很多人喜欢用茶匙来完成。

茶匙取茶

茶针与茶夹

茶针是用来撬茶饼或者茶砖的特制针。为了使一些白茶、普洱茶

方便贮存或便于茶叶转化，人们一般会将其制作成饼状，十分坚硬，有了茶针，人们就可以轻松撬下茶叶了。撬下茶叶后，可以用茶夹将茶叶块夹到茶杯或者盖碗中冲泡品饮。

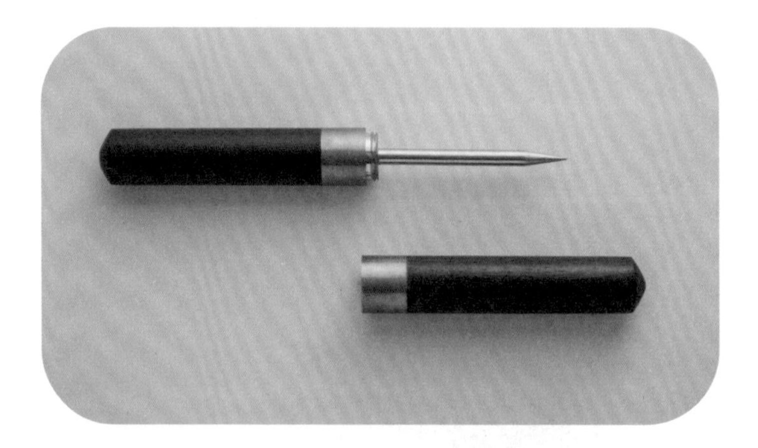

茶针

茶夹取茶

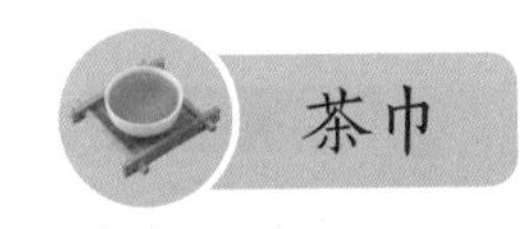

茶巾

茶巾是用来清洁泡茶过程中不慎洒落的茶汤或者清水的小块毛巾，既卫生又雅致。一些茶巾的生产者将古代的经典名画、书法作品画在茶巾上，让人赏心悦目，具有很强的文化气息。

茶筒

茶筒是茶具配件的收纳工具，可以将茶夹、茶针、茶则等工具放进茶筒中，整洁又雅观。茶筒的制作材料多为陶瓷、竹子、木材，还可以通过雕刻呈现出多种多样的造型和花纹。

茶桌

茶桌是用来容纳所有茶具的，也属于茶具的一部分。茶桌有不同的材质和造型，精美的茶桌，是每一个爱茶人都想拥有的。

茶桌与茶器陈设

常喝茶，少烂牙

人们常说“常喝茶，少烂牙”，这是什么原因呢？因为茶叶中含有丰富的氟化物，这种物质对牙齿有很好的保护作用，它能使牙釉质变得坚固，抑制酸性物质的形成。在各类茶叶品种中，含氟量最高的当属乌龙茶和绿茶。此外，新采摘的茶叶、粗壮的老茶、档次相对低的茶叶含氟量也比较高，常饮茶有利于保护牙齿。

不同茶具，如何选择

茶具的选择是以获得好的饮茶体验为最主要的依据的，所以要根据茶叶本身的特点和冲泡难易程度来选择与之相符合的茶具。

绿茶与黄茶，鲜爽度比较高，冲泡容易，相对来说不耐泡，建议选用玻璃杯或者陶瓷杯冲泡饮用，在品饮的同时还可以欣赏茶杯中茶叶的形态和茶汤的色泽。

白茶比较耐泡，对于出汤时间要求不是特别严格，可以根据投茶量来选取茶杯或者茶壶冲泡。一些老白茶的茶饼年份较长，浸出物不易溶于水，也可以采用茶壶煮饮的方式。

红茶、乌龙茶、黑茶都需要有比较精确的出汤时间和投茶量才能获得上佳的茶汤口感，建议使用工夫茶盖碗冲泡。计算好坐杯时间，茶汤的浓淡就能够随心控制了。

玻璃杯冲泡绿茶

盖碗冲泡武夷岩茶

返璞归真，洗尽铅华——白瓷茶具

在众多茶具当中，白瓷茶具以不加粉饰、返璞归真而独成一种风格，江西景德镇白瓷和福建的德化白瓷茶具都是典型代表。

白瓷茶具色泽洁白，能直观呈现出各类茶冲泡出来的茶汤颜色。白瓷茶具传热和保温性能良好，造型多样，适合冲泡各类茶。一些茶友喜欢在自用的白瓷茶具上缀以简约的纹饰或者汉字，表现出主人独特的审美和境界，颇具艺术欣赏价值。

有茶友认为，当看惯了琳琅满目、五光十色的各类茶具之后，最让人心动的反而是简约、自然的白瓷，这也许就是大道至简的魅力吧！

白瓷茶具

立夏茶，夜夜老，小满过后茶变草

这句俗语强调了茶叶品质与采摘时节的重要关系。大多数茶的采摘都是从清明节之前开始的，清明节之前采摘的茶叶称为“明前茶”，茶叶鲜嫩，品质上佳。清明过后到谷雨之间采摘的茶叶叫“雨前茶”，由于雨水充足，生长时间长，“雨前茶”叶片更加肥大，品质上比“明前茶”略逊一筹。等到了立夏，茶叶的品质就一天不如一天了，而到了小满的茶，品质就不怎么好了。

茶席中的王者——紫砂茶具

紫砂茶具是江苏宜兴的传统工艺品，由陶器发展而成，它始于宋代，盛于明清并流传后世。紫砂茶具属于陶器，致密坚硬，造型古朴。紫砂茶具采用天然泥色，在1 100℃～1 200℃的高温下烧制而成，因而没有吸水性，质地耐寒耐热，传热缓慢，便于泡茶使用。

紫砂茶具美中不足的是受色泽限制，用紫砂茶具泡茶时，不能很好地欣赏到茶叶的形态和汤色。即便如此，紫砂茶具仍然受到许多茶友的追捧。一件好的紫砂茶具，必须具有三美，即造型美、制作美和功能美，三者兼备就是一件完美的工艺品了。

紫砂茶具

精妙绝伦的美人——漆器茶具

漆器茶具从清代开始流行于福建福州一带，其外形多变，有“金丝玛瑙”“仿古瓷”“嵌白银”等品种。特别是出现了红如宝石的“赤金砂”和“暗花”等新工艺以后，漆器茶具为越多越来的人所喜爱。

北京雕漆茶具、福州脱胎茶具以及江西鄱阳等地生产的脱胎漆器是漆器茶具中的精品，具有独特的艺术魅力。漆器茶具轻巧美观，色泽光亮，能耐高温、耐酸性，除了用于饮茶使用外，还有艺术观赏的功用。

漆器茶具

入窑一色，出窑万彩——建盏主人杯

建盏是福建省南平市建阳区特产，是中国特有的茶器。它兴盛于宋代，后来一度失传，改革开放之后建盏烧制工艺得以复兴。建盏烧制的材料为建阳区保护区内特殊的黄泥、黏土和釉石等，含铁量很高，因而有古朴厚重的手感。建盏是经过 1 300℃窑内高温烧制而成的，且需要胎中的成分参与反应，这样才能形成精美的铁系结晶釉，因此对胎土的含铁量、耐火度、可塑性等指标都有严苛的要求。

建盏多口大底小，造型古朴浑厚，有着较沉的手感。建盏分为敞口、撇口、敛口和束口四大类器型。建盏能烧制出多种多样的釉面，与配料、温度、烧制工艺都有关系，甚至还有一定的运气成分，即便是最高明的制盏师傅也难以准确把握建盏釉面花纹的变化。也正因如此，建盏烧制也给了人们神秘感，正所谓“入窑一色，出窑万彩”。建盏常见的釉面有紫金、兔毫、油滴、鹧鸪斑、百花盏等等，现藏于日本静嘉堂的曜变天目盏是中国宋代建盏烧制的巅峰之作，是举世罕见的宝物。

束口油滴建盏

兔毫建盏

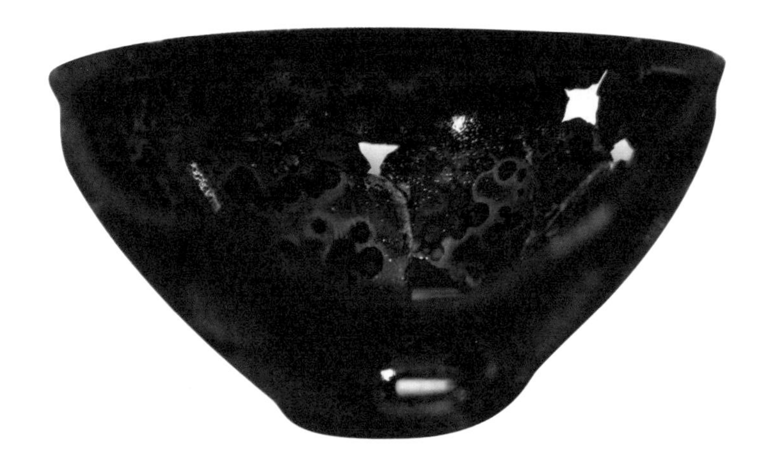

曜变天目盏

建盏的“柴烧”与“电烧”

在古代，建盏烧制都是采用柴烧的方法，要将上好釉面的建盏放进通天龙窑当中，加入猛火令其发生窑变。柴烧建盏在当代也被广泛使用并受到盏友的追捧，因为柴烧建盏釉面更加温润自然，窑宝更是难得一见。

随着科技水平的发展，现代制盏人发明了电烧建盏技术，电烧建盏的可控性更高，对于釉面花纹的把握也更加准确，它能烧制出我们想要的纹饰，却缺少了一点“神秘感”。但电烧建盏成本低，又能烧制出精美的釉面，能够满足广大盏友的需求，也是十分重要的制盏手段。

茶具的清洁与保养

茶具是爱茶之人的朋友，必须对茶具进行好的保养才能使其光彩照人。茶具的清洁与保养其实是非常简单的，每次饮茶完毕之后，要记得及时将茶具内的茶叶、茶汤清理掉，并且对茶具进行一次彻底清洗，使其保持清洁。有条件的还可以用开水烫一下茶具，这样能起到温润茶器和消毒的作用。

如果由于多次泡茶，茶具上附着了茶渍和茶垢，可以采用一些方法清理掉。通常来讲，玻璃、陶瓷等茶具，表面光滑，清理茶垢十分容易，可以用一些食用盐，对准茶垢所在位置上下揉搓，待颗粒盐渐渐消失，茶垢也随之消失，再以清水、开水清洁茶具即可。

茶具要放置在温差变化不大的地方，否则容易对釉面产生一些不好的影响。此外，茶具属于易碎品，用完之后及时整理收纳，放置在不易被碰到的位置以免损坏，这也是保养茶具的重要一环。

茶具养护

茶家具的功能与空间美学

茶家具是为茶设计的舞台，承载了茶、人、具之间的一切交流，展现了茶与茶具的美。茶人需茶室，茶室需茶家具。一个品茶空间，一桌一椅，一茶一器，古雅朴拙，雅致而又惬意，在袅袅热气中，茶的清香醇厚，沁人心脾，足以让人陶醉其中。

广义上讲，茶家具就是茶室内一切与茶相关的陈设与茶器，它能够实现茶叶的收纳存放、陈列展示、冲泡品饮等。茶家具的空间美学，体现了主人独特的审美意趣和气质。花、木、石自然搭配，几、桌、椅有序排布，形成一个温馨的茶空间，在茶汤的滚沸之间各自独立，却又和谐共生，这大概是爱茶之人最畅快的时刻了吧！

茶室空间陈设

茶叶有哪些滋味

六大茶类中每一种茶都有各自的滋味口感，但是当我们喝过一些茶叶之后会发现，从不同的茶叶中可以总结出一些共有的滋味，那么这些滋味是怎么产生的呢？原来，这些滋味都是由茶叶中所含的营养物质产生的。例如，茶中的苦味是咖啡因的作用，茶中的涩味是茶多酚的作用，茶中的鲜味是氨基酸的作用，茶中的甜味是可溶性糖的作用，茶中的厚味是果胶的作用，你学到了吗？

一杯透骨洗风尘

第四章

烹炉煮茶，芳气满闲轩

当我们有了品质上佳的茶叶和精美的茶器之后，就可以冲泡一杯好茶了。而影响饮茶体验的，除了茶、器、水之外，还有一个关键因素，那就是泡茶者的冲泡技术。生活中几乎人人都会泡茶，但想真正泡好一壶茶也并非易事。泡茶有很多学问和讲究，如果不懂其中奥妙，则会带来不好的饮茶体验。下面就来聊聊泡茶那些事儿。

鉴茶、择茗

饮茶先识茶，经过对茶叶的赏鉴、选择才能得到品质优等的茶叶，这是泡茶的第一步。不同的茶类有各自的特点，我们在茶叶市场通常是通过干茶的外形来判断其品质的优劣。

匀度：干茶叶片大小匀整是好茶的重要标准之一。散茶摊放在茶盘中，大的叶片会浮在上面，中段叶片比例高，细小碎叶较少就说明匀整度高。如果茶盘底下碎叶很多，叶片不匀整，这类茶叶是不建议入手的。

形如雀舌，颗颗饱满的上好绿茶

净度：净度指的是茶叶中含杂质的程度。上好的茶叶是不允许有其他杂质的。一些茶

茶芽的多少是判断其嫩度的标准之一

商制茶粗糙，茶叶中可能混有茶梗、叶柄，甚至是其他植物的叶片和泥沙，这就需要我们用眼睛直观地做出判断。

嫩度：嫩度的指标不可一概而论，但可以通过观察茶芽和白毫的多少来判断，茶芽与白毫更多者为嫩度较好的茶。

色泽：色泽的判断要根据不同品种的茶来决定。绿茶一般色泽鲜绿，暗淡发黄者多为陈茶。红茶和乌龙茶要乌润有光泽，白茶要有白毫。

香气：闻干茶的香气虽然不能完全判断其优劣，但也是一个评茶的标准。例如，武夷岩茶讲究的是岩骨花香，干茶中带有的应该是阵阵自然花果香。但由于武夷岩茶的制作有焙火这道工序，所以干茶中多少会有一点烟火气。需要强调的是，焙火的味道一定是微乎其微的，它不能掩盖茶叶本身的香气，如果焙火过重，茶香全无，那就是本末倒置了，这款茶必然是劣质茶。

正山小种红茶色泽光润

保质期：各类茶都有自己的保质期，在保质期内品饮是最佳选择。绿茶的保质期一般是 18 个月，但 12 个月内饮用最佳，所以每当春天到来，人们都十分期待品饮新的绿茶。黄茶与绿茶保质期基本相似。密封红茶保质期可达三年，但两年之内饮用最佳。白茶和黑茶经过时间的推移能够转化得更好，一般在包装上写的是在适宜的条件下可以长期保存，不过茶叶界认为在 15 年内饮用比较好。乌龙茶种类众多，保质期有细微差别，一般在两年左右。

一年茶，三年药，七年宝

白茶具有存放时间越久，茶叶品质越好的特点，人们认为白茶存放一年就适合饮用了。白茶的诞生与一个传说有关，相传白茶最初是一位仙人采摘之后用来治疗儿童疾病的，所用来治病的白茶均为存放了三年的白茶，仙人认为这样的白茶具有药效作用。而存放了七年以上的老白茶，茶叶内质转化得非常彻底，茶叶品质上佳，不仅品饮时陈香馥郁，而且还能升值，在茶友心目中自然是宝贝了。

制作成茶饼的陈年老白茶

好水，方能煮好茶

水为茶之母，好水方能出好茶，这一观点古人与今人是完全一致的。不论是从《茶经》开始的论述还是现代茶学研究，对于水的选择标准几乎是一样的。

古人认为，泡茶之水以活水最佳，并应具有“清”“轻”“甘”“冽”的特点。“清”指的是清澈无杂质，“轻”指的是水的比重轻，水中的矿物质含量低，这一指标会影响茶的汤色和口感，“甘”指的是水味甘甜，“冽”则指水寒冽无污染。最理想的是用泉水、山溪水泡茶，有人也会将无污染的雨水和雪水储存起来用来泡茶，其次是用江河水泡茶，再次是用井水泡茶。

无锡市惠山泉被历代茶客所推崇

虎跑水，龙井茶

虎跑水，龙井茶，被誉为西湖双绝。西湖龙井历史悠久，清香幽雅，驰名中外，受到众多爱茶人士的追捧。但想泡出一杯好的龙井茶，必定要有好水。位于西湖西南大慈山白鹤峰下的虎跑泉，泉水甘洌、醇厚，是泡茶用水的最佳选择，古往今来无数人对虎跑泉的泉水进行咏叹。如今，虎跑水、龙井茶更是受到了全国各地游客的关注，人们都以到杭州品饮一杯虎跑泉水冲泡的龙井茶为幸事。

杭州虎跑泉

现代人泡茶用水的标准与古人十分接近，但我们凭借现代科学技术的辅助，可以通过非自然的技术手段得到想要的好水。

当下公认的泡茶最好的水源仍然是山泉水，山泉水得天独厚，自然甘爽。另外市面上也售卖许多纯净水，纯净水虽然不及山泉水有自然的灵魂，但其水质清洁，卫生达标，没有任何异味，用纯净水泡茶还是能得到较好的效果的。

在水源条件没有那么方便的情况下，采用自来水泡茶也是很多人的选择，不过当下家庭中多装有净水装置，净化之后的自来水也可以用来泡茶，但肯定不及山泉水及纯净水更能将茶的滋味充分激发出来。由于工业污染等的影响，如古人般采集雨水、雪水泡茶已经成了奢望，现代人一般不会采用此法。

煮茶有哪些讲究

好茶、好水、好茶器均已齐备，接下来就可以煮一壶好茶了。茶作为国饮，饮用方法是不断变化的。中国人最开始是嚼新鲜的茶树叶子，所以人们也说“吃茶”。后来将生茶树叶子煮成“茶粥”食用，并加入一些调味料，这是最早的煮茶方式。再后来随着唐朝文人群体的推崇和引领，饮茶逐渐成了一种“雅事”，宋元之后泡茶的饮茶方式盛行，并流传至今。

煮茶作为一种饮茶方式，当下仍然受到一些人的喜爱，尤其是在寒冷的冬日，室内煮一壶茶，蒸气滚滚，静听水沸，满室茶香，实在是一件惬意的事情。当然，煮茶也有一些讲究，了然入心才能喝到好茶。

绿茶、黄茶不能煮。适合煮饮的茶大多有耐泡的特点，而绿茶、黄茶因为比较细嫩，都是不耐泡且怕高温的茶，一旦煮沸，叶片一下就被烫熟了，茶汤也会有苦涩感。

煮茶不宜用铁壶。老铁壶煮水是非常好的选择，但煮茶用铁壶却会产生负面作用。因为铁壶的内壁没有经过氧化处理，茶汤中的茶多酚与之接触会产生化学反应，导致茶汤发暗发黑，影响口感。

煮茶时间忌过长。煮茶是为了让茶叶中的成分充分释放出来，但煮得时间过长会导致茶汤过浓，并不能得到好的茶汤。所以科学的方法是，在煮茶过程中，关注茶汤的变化，当适合饮用时就停止煮沸。另外，一些重度发酵的老茶，在茶汤倒出后应及时续水，不使茶汤浓度处于过于饱和的状态。

绿茶适宜冲泡

茶叶煮饮

不同的茶如何冲泡

如何泡茶，这是一个既简单又复杂的问题。说它简单是因为它门槛很低，每个人都可以泡茶。说它复杂是因为想要得到一泡好茶需要兼顾诸多方面的因素，否则就不能实现最佳的品饮效果。

盖碗是一种万能茶器，它适合冲泡六大茶类中的任何一种茶，只要根据不同的茶控制好水量、投茶量、水温、出汤时间和冲泡次数，就基本能将任何一种茶的特点充分体现出来。

我们以茶叶界公认的 110 毫升容量的盖碗为茶具进行各类茶的冲泡，对于投茶量、出汤时间等要素的把控是根据茶客的习惯自行确定的，但一般会有一个相对被认可的标准，以下数据可以作为参考。

绿茶与黄茶：投茶量 3 克，水温 90 摄氏度，第一泡出汤时间 10 秒，随着泡数增加可适当延长时间，可出汤 3 次。

白茶：投茶量 5 克，水温 100 摄氏度，15 秒出汤，随着泡数增加可适当延长时间，可出汤 5 次以上。

红茶：投茶量5克，水温95摄氏度，8秒出汤，随着泡数增加可适当延长时间，可出汤5次以上。

乌龙茶：投茶量8克，水温100摄氏度，10秒出汤，前三泡也可即进即出，随着泡数增加可适当延长时间，可出汤5次以上。

黑茶：投茶量8克，100摄氏度，20秒出汤，随着泡数增加可适当延长时间，可出汤5次以上。

盖碗出汤

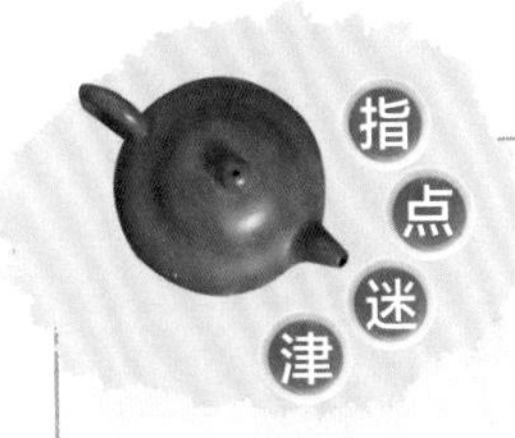

什么是茶叶的“发酵”

中国有六大茶类，绿茶不发酵，白茶、黄茶微发酵，乌龙茶半发酵，红茶重度发酵，黑茶全发酵。那么，什么是茶叶的发酵呢？茶青由茶树摘下后，叶中水分会逐步蒸发、消失，叶片不断产生化学变化的过程就是发酵。茶叶通过发酵能将叶片所含的草青味带走，散发出自然香气，在这个时候再用高温急速让水分蒸发，茶叶的香气就保留在干茶中了。由此可见，茶叶的发酵对于一些茶的制作来说是极其重要的。

重度发酵的普洱茶

茶艺文化

通俗来讲，茶艺就是喝茶的艺术，它包括泡茶与饮茶两个方面。从古至今，中国人的饮茶方式发生了改变，茶艺也有了不同的形式。唐朝时期盛行煎茶，宋朝流行点茶，明清以来人们就普遍采用泡茶法了。

中国茶艺根据茶的不同种类，以及饮茶的地点、对象不同，还可以分为很多种类型。随着生活水平的提高，人们越来越追求精神享受，茶艺表演正迎合了这种市场需求。静下心来，悠闲地欣赏茶艺师的表演，品味一杯香茗带来的舒适惬意，令人身心放松。茶艺表演具有很多程序，不同的茶艺师会根据茶叶种类的不同、表演场景的不同展示不同的茶艺。接下来以紫砂壶冲泡武夷岩茶为例，详细展示工夫茶茶艺的特点。

焚香静气：这是泡茶之前的准备工作，心静茶味香。

叶嘉酬宾：取出茶叶，放置在茶则或者茶荷内，让宾客们欣赏。

活火煮水：传统泡茶采用明火煮水，水沸的声音同样迷人。

孟臣沐霖：先用沸水将泡茶茶器冲洗一遍，使之温度升高，能实现更好的泡茶效果。

乌龙入宫：将取好的茶叶投入紫砂壶中，开始冲泡。

悬壶高冲：水壶要高冲，并且注水需要流畅、匀速，这是激发出茶香的关键一环。

春风拂面：用壶盖轻轻刮去茶汤表面的浮沫。

重洗仙颜：用开水浇淋紫砂壶壶身，洁净茶器并提高壶温。

若琛出浴：烫洗茶杯，为分茶做准备。

玉液回壶：将壶内茶水倒出再回倒进壶内，这一步骤可以使茶叶内质释放得更加充分，茶水也更加均匀。

关公巡城：将壶内茶汤依次斟入茶杯。

韩信点兵：壶内茶汤即将倒尽时，向各杯点斟茶水。

三龙护鼎：这是端杯的步骤，用拇指、食指、中指优雅地端起茶杯。

鉴赏三色：细细观察杯中茶汤不同层次的颜色。

喜闻幽香：即嗅闻茶水的幽香。

初品奇茗：开始品饮。

再斟兰芷：指的是品饮第二道茶汤。

领略岩韵：武夷岩茶以岩骨花香著称于世，可以细细体会其韵味。

游龙戏水：选一片茶叶放入杯中，再斟茶水，犹如乌龙戏水，颇有趣味。

尽杯谢茶：喝尽杯中茶并致谢。

关公巡城

茶艺表演

敬茶礼仪

中国是礼仪之邦，主人泡好茶之后向客人敬茶必须遵循一定的礼仪，如果失礼会显得十分尴尬。敬茶礼仪具体包含以下几个方面。

其一，对别人敬茶时茶具一定要清洗干净，最好带有杯托，这样既卫生又能保证客人不会被烫到。

其二，敬茶时要遵循一定的顺序，如果是在家中，要先敬给老人、长辈，如果是在商务活动中，要先敬给领导、上司。

其三，浅茶满酒。给客人倒茶一定不能将茶杯倒满，茶水至七八分为宜，倒得过满容易洒出来，而且有逐客之意。

其四，给多位客人斟茶时，注意每个人茶杯中的茶色要尽量均匀，如果控制不好，可以借助公道杯解决这一问题。

其五，作为主人要关注泡茶茶具中的茶汤，及时续水和出汤，控制好茶汤的浓度，给客人以最佳的饮茶体验。

向客人敬茶

什么是"坐杯"

在一些老茶客嘴里经常能听到"坐杯"二字，让接触茶叶不久的新手疑惑不解。坐杯指的就是热水注入盖碗后茶叶与水接触的时间。乌龙茶茶叶内质析出速度快，坐杯时间不宜过长，否则茶汤太浓不适合饮用。黑茶茶叶内质析出速度稍慢，坐杯时间可稍稍延长才能得到一杯好茶。不同茶叶对于坐杯时间有不同的讲究，恰到好处才能充分体现出茶的特点。

茶与健康

为什么有那么多人爱茶？原因无外乎两个：一是茶本身的味道令人着迷，二是喝茶有益于身体健康。

茶与健康似乎有着天然的联系，人们将茶称为“万病之药”。《神农本草经》中记载：“神农尝百草，日遇七十二毒，得茶而解之。”这虽然是传说，但茶有助于人们身体健康的功效是不可否认的。现代科学研究表明，茶叶中含有人体所需的蛋白质、氨基酸、维生素及其他多种微量元素，对人体机能的各个方面都能起到良好的保健效果。

饮茶能抗衰老、抗氧化。人类衰老的原因是体内产生了过量的“自由基”，而茶叶中的茶多酚具有很强的抗氧化作用，它能够阻断人体自由基的活性运动。此外，茶叶中的儿茶素也有助于抗衰老。

饮茶能增强免疫力。经常喝茶能够提高人体白细胞和淋巴细胞的数量和活力，促进脾脏细胞间介素的形成。

饮茶能降低胆固醇。茶叶中的维生素 C 能够有效降低血液中的胆固醇和中性脂肪的含量。如果在饭后适量饮用乌龙茶，则可抑制胆固醇的吸收，同时还能起到分解脂肪、利尿的作用，血管中的胆固醇也就随之排出体外了。

饮茶能护肝明目。科学研究表明，茶叶中的儿茶素对于病毒性肝炎有很好的疗效。茶叶中的维生素 C 和胡萝卜素在人体内可以吸收转化为维生素 A，维生素 A 与赖氨酸结合所形成的视黄醛能增强视网膜的变色作用。

饮茶能解毒醒酒，预防糖尿病。维生素 C 作为催化剂能帮助人体将酒精分解成二氧化碳和水，饮酒后适量补充维生素 C 有助于醒酒，茶叶就成了天然的醒酒良药。除了促进酒精分解，茶叶中的咖啡因还有利尿功能，能促进人体通过尿液将酒精排出体外。茶叶中的复合多糖、儿茶素类化合物和二苯胺都能有效降低血糖，因此经常喝茶对于糖尿病的防治具有很好的效果。

除此之外，经常饮茶还具有抗辐射、护心、降火、补充营养、减肥瘦身等功效。当然，我们也应该科学理性地看待茶叶的保健功能。茶叶并不是治疗疾病的药物，它的保健作用是在长期饮茶过程中慢慢形成的，并非喝了茶之后就能立竿见影起到治病的效果，所以在崇尚健康饮茶的同时，也不要将茶叶的保健功能夸大，这才是对茶叶该有的态度。

饮茶成了越来越多人的选择

第五章

风味人间，品馥郁香茗

茶叶有三次生命，第一次是在自然条件下生长时的鲜叶，第二次是在制茶师手里制成茶叶获得新生，第三次则是在饮茶人的茶杯中尽情绽放。一杯好茶，清香馥郁。品味佳茗，古往今来给人们带来了无限的惊喜与感动。在爱茶之人的心目中，茶是生活中最好的调剂品。

饮茶

茶叶没有绝对的好坏之分，只要你喜欢喝茶，喝到的茶没有不好的感官体验，那就是适合你的。

饮茶是一部分人的生活习惯，这些人每天不喝几口茶，就感觉缺少点什么。清朝的乾隆皇帝是一位“老茶癖”，当臣下对他说“国不可一日无君”时，他却言道“君不可一日无茶”，凡是爱茶之人都会认为饮茶是一件十分重要的大事。就像一些老茶客，茶杯不离手，茶叶不离身，就算是出差、旅行，甚至是到朋友家做客，也会经常带上两泡好茶，以备不时之需。饮茶并没有过高的门槛，不同阶层、不同身份的人都可以将其作为自己的生活习惯。

有茶相伴，人们在繁忙的生活中少了几分疲倦，多了几分惬意，在浓淡清香各异的茶水中体会着生活的真谛。

盖碗饮茶

白天皮包水，晚上水包皮

“白天皮包水，晚上水包皮”这句话描述的是扬州人惬意、闲适的生活状态。扬州人有吃早茶的习惯，在吃早饭的时候通常会要一壶茶，悠闲地吃过饭、喝完茶后才开始一天的忙碌，所谓的“皮包水”是说一大早就在肚皮里装了很多茶水。结束了一天的工作，晚上人们相约去澡堂泡澡，在轻松的环境中谈笑风生，快乐又放松，这是他们喜欢的生活方式，“水包皮”指的就是晚上泡澡的情形。

品茶

如果说饮茶是为了满足生理需求，是人们的生活习惯，那么品茶则是更高层次的感官体验了，可以上升到精神需求。

品茶是一门综合性的艺术，品茶用的通常是品质上乘，色、香、味、形兼而有之的名茶。例如驰名海内外的西湖龙井，人们经常用“色绿、香郁、味甘、形美”来形容。品茶的学问，一是要细品、慢品，二是要综合、全面地评价茶叶的品质。

细品茶汤

观其色

观其色，既包括观赏干茶的颜色，又包括观赏茶汤的颜色。就茶汤而言，绿茶清新绿润，红茶乌褐油润，白茶满披白毫，黄茶绿中泛黄，青茶色泽多变，黑茶乌黑厚重。通过观察干茶与茶汤的颜色，能了解一款茶的特点，同时也能得到诸多乐趣。

陈年普洱茶，茶汤红润

闻其香

饮茶之前先嗅其香，一杯热茶带着氤氲的水汽扑鼻而来，深吸一口气，沁人心脾。清香、花香、果香、奶香、豆香、枣香、栗香、药香、甜香、陈香、木质香、松烟香、焙火香，每一种香都令人陶醉。一种茶中可能会带有多种层次的香气，这也是值得茶客们细细体会的绝妙之处。

喜闻幽香

尝其味

嗅闻茶汤的香气之后就可以品饮茶汤的滋味了，茶汤的味道是丰富多样的。茶汤初入口腔时，略带一丝苦涩感，随之却能有回甘。茶汤入口后不要快速下咽，要让舌头与茶汤充分接触，舌头随之在茶汤中打转，舌头上的味蕾就会因受到刺激而产生兴奋感，这种感觉传导到中枢神经，大脑即判断出了茶汤的滋味。茶叶种类繁多，滋味更是千差万别，甜、酸、鲜、苦、涩，茶汤的味道亦如人生的味道。

品饮茶汤

诗人袁枚教你如何品武夷岩茶

清代诗人袁枚是一位热爱生活的人，他曾经撰写过一本《随园食单》，罗列了天下美食、好酒、好茶，其中有对武夷岩茶品饮的描述：“杯小如胡桃，壶小如香橼，每斟无一两，上口不忍遽咽，先嗅其香，再试其味，徐徐咀嚼而体贴之，果然清芬扑鼻，舌有余甘。”袁枚在他自己的品茶经历中准确地概括了品饮武夷岩茶的要领，就是先闻香气，再饮茶汤，而且要慢慢品尝茶汤，让舌头与之充分接触，缓缓下咽，这样才能充分感受到武夷岩茶的美妙之处。

赏其形

茶叶除了给人以赏心悦目的色泽、沁人心脾的香气、丰富多变的口感，还能让人欣赏它优美的形态。冲泡之后，茶叶仿佛有了新的生命，它们在茶壶中、盖碗中尽情舒展，形态各异。竹叶青形似竹叶，金骏眉形似雀舌，太平猴魁根根直立，白牡丹如牡丹绽放，欣赏茶叶的形态会给品饮者带来美的体验。此外，茶叶内质萃取结束之后，有的茶友还喜欢观看茶叶的叶底，这也是品评茶叶质量好坏的重要标准之一。

安溪铁观音冲泡后的叶底形态

说一说“品”和“饮”

人们总是说品茶，那么如何去理解“品”字呢？古人早就给我们留下了令人称赞的解析。既然要“品”，就必须有别于生理上以解渴为目的的“饮”，“品”的一个关键要领就是要慢慢地喝，细细地感受。“品”字由三个“口”组成，也就是告诉我们一杯茶要分三口喝下，不要一饮而尽。由此可见，品茶重在体会喝茶带来的感官体验，不在于喝下多少茶汤，饮茶则更偏重于喝茶解渴、解乏。

酌茗开静筵，茶饮小食

我们都知道不能空腹饮茶，否则会伤及肠胃，甚至导致“醉茶”。为了避免这些情况出现，人们在饮茶时经常会备一些茶点，供茶客们在饮茶时食用。茶点的种类非常多，但通常不以量取胜，它追求的是精致、可口，这样才能与品茶这样的雅事气质相符。当然，茶点的种类也因地域的不同而呈现出不同的特点，例如京味茶点、江南茶点、广式茶点就各有千秋。

京味茶点以点心小吃为主，例如驴打滚、蜂蜜糕、豌豆黄、糖葫芦、蜜饯等。

江南茶点显得比较精细雅致，例如桂花藕、定胜糕、桂花糕、绿豆糕等。

广式茶点以广式早茶为基础，种类非常多，以蒸、煎、炸等制作方法为主，油而不腻，鲜而不俗。

当我们与客人在室内饮茶时，最为方便的茶点还是点心、蜜饯、水果等，茶点以茶盘或其他容器盛放，既能满足客人的需求，也能提升饮茶活动的质量。

京味茶点——驴打滚

江南茶点——定胜糕

丰富多样的广式茶点

什么是“醉茶”

“醉茶”是人们在喝茶过程中经常遇到的情况，相信每一位老茶客都曾经有过“醉茶”的经历。“醉茶”是因为饮茶过量或饮了过浓的茶，导致咖啡因和氟化物摄入过多；空腹喝茶也容易导致“醉茶”，具体表现为心慌、浑身无力、呼吸急促、血液循环加速，甚至头晕、恶心等。“醉茶”是人体内代谢紊乱、血糖降低导致的，为了避免“醉茶”，饮茶时可以备一些茶点，也可以备一些糖类以备不时之需。喝茶是一件充满享受的事情，如果发生“醉茶”就得不偿失了，所以日常饮茶过程中需多加注意。

饮茶的环境与心境

自古以来，人们对饮茶环境的要求都非常高。通常来讲，品茗环境要宁静、雅致，这样人们才能静下心来细细体会茶之真味。饮茶的环境一般可以分为室内环境和野外环境。

室内饮茶环境是较为常见的，相对来说室内饮茶更加方便、自由，可以随心所欲，在自己家中就能实现。焚一炉茗香，与亲朋好友相聚，随着情绪的变化而有不同的心境，或谈笑风生、高谈阔论，或沉思静悟、心领神会，从而实现精神层面的沟通。当下还有许多茶客喜欢去专门的茶室饮茶，为的就是静心，让心灵得到放松和洗涤。在茶室的静谧空间中，茶艺师表演着精湛的茶艺，为客人斟茶，耳边时而响起古琴曲或其他清幽的乐曲，这片刻的宁静在当代快节奏的生活下也是难能可贵的吧！

野外饮茶环境适合资深茶客，因为野外条件有限，在煮水、泡茶等环节需要专门的饮茶器具，但野外饮茶有大自然的美景相伴，将自

茶馆

己全身心地融入大自然中，能得到另一番奇妙体验。野外饮茶在人文素养较高的群体中比较流行，这些茶客喜欢寄情山水，远离市井，追求恬淡闲适、天人合一的精神境界。

竹林、寺院、名山、溪畔都可能是好茶者饮茶的理想环境，他们与大自然亲密接触，品饮香茗，还可以吟诗、作画、演奏乐曲，在广阔的天地之间尽情享受高雅的生活艺术。

室内饮茶

野外饮茶

吃饭勿过饱，饮茶勿过浓

这两句话告诉人们，做任何事都要把握一个度。吃饭过饱会让肠胃承受不必要的负担，饮茶过浓的话也会产生一些危害。首先，喝浓茶容易醉茶，造成人体低血糖，让人非常不舒服。其次，喝浓茶会伤及肠胃，并对泌尿系统造成伤害。再次，喝浓茶从饮茶体验上来讲也不会得到好的口感。喝茶是为了享受生活，让人放松，使人心情愉悦，如果因为喝浓茶对自身产生了不良影响，就与喝茶的初衷背道而驰了。

第六章

不同区域，大小传统

中国人普遍喜欢饮茶，但生活在不同区域的人们在饮茶的方式、习俗等方面又分别呈现出各自的特点，这与中国茶叶发展的历史、种植区域、不同茶种和地理文化因素等都有密切的关系。民间茶文化包罗万象，异彩纷呈，表现了劳动者优秀的品德与精神，更表达了人们对美好生活的向往与追求。

巴蜀茶文化，茶文化的摇篮

巴蜀一带是中国古老文明的发源地之一，前文也提到过，中国西南地区就是世界茶树的原产地，因而巴蜀茶文化可以看作中国茶文化的摇篮。

巴蜀地区是中国的产茶胜地，从汉代开始，这里的商人就将茶叶作为商品进行交易，促进了茶叶的推广与传播。到了唐代，伴随着文成公主、金城公主远嫁吐蕃（今西藏），汉藏之间互市的热情更加高涨。西藏地区向来不产茶，为了将四川、云南的茶叶运到西藏，另外也将西藏地区的特产运输出来，一条条以茶叶贸易为主的商业路线得以开辟，勤劳勇敢的人们以马匹为工具，在这些商道上创造了奇迹，形成了独特的“茶马贸易”，这些被西南各族人民开辟的商道也被称为“茶马古道”。“茶马古道”一经开辟，在后来的历朝历代中都得到了政府官方的大力支持，茶马互市得到了极大的推动。后来的茶马古道除了用于茶叶贸易、商业之外，还在其他领域起到了极其重要的

茶马古道博物馆

作用。

巴蜀产好茶，这里的人们自然也都保留了饮茶的习惯。以四川为例，这里有相当多的大大小小的茶馆，人们所使用的茶具、对茶叶的冲泡品饮都十分讲究，许多居民都喜欢在闲暇之时泡上一壶好茶，惬意地享受生活。

成都市内的露天茶馆

土厚栽桑，土酸种茶

土厚栽桑，土酸种茶，向人们传达了农人的智慧，说的是种桑要土层厚，种茶要选择酸性土。据科学研究，种茶的土壤 pH 值要在 4.5~6.5 之间，同时土质要疏松透气，排水良好，这样有利于茶树根系的发育。因此，茶树一般生长在红壤、沙壤、黄壤等土质中，大面积的茶园一般会分布在山丘，这些区域的土质种类、排水和光照条件都十分适合茶树的种植。

茶树多种植在酸性土壤中

吴越茶文化，茶文化的起源

吴越一带就是今天的江浙地区，这里是中国茶叶产量最大的区域之一。吴越一带保留了自己独立的文化特征，自古以来这里经济富庶、环境优美、古风古韵，吴越茶文化也带有这些特点。

吴越地区的绿茶生产在全国具有举足轻重的地位，像龙井茶、碧螺春茶、安吉白茶都是十分著名的品种。事实上，吴越地区可以说是中国茶文化的发源地，其原因有以下三点。

第一，吴越地区风景秀丽，青山绿水之间不仅适宜茶树生长，同时也给人们营造了一个美妙的品茶环境。吴越地区有名山、名水、名茶，古往今来的名人们都乐于前来游览、旅居，吴越之地也就形成了最天然的“茶寮”。

第二，吴越一带是中国佛教、道教的圣地，人们尊重古风、重视内心的信仰，而禅宗与道家、儒家的思想有许多相似之处，儒释道三家思想的融合使得这一区域形成了独特的茶文化体系。

炒制碧螺春

新西湖十景之龙井问茶

第三，东南形胜，自古繁华。吴越地区经济的快速发展极大地推动了文化的突飞猛进，这里也总是给人以清新自然的文化气息。从陆羽开始的茶文人集团到当下仍然十分受人追捧的斗茶大会，吴越茶文化从来没有因为时间的流逝而消逝。

如今的江浙一带茶馆、茶室也许不如四川多，但人们追求的饮茶境界是安静、雅致的，所以人们大多在自己家中饮茶。作为茶文化的起源，吴越茶文化体现出的是自然、儒雅的文化氛围。

茶叶的四大产区

我国有十分广阔的茶叶产区，茶学界根据自然和社会条件，通常把我国的茶产区分为华南茶区、西南茶区、江南茶区、江北茶区。华南茶区气温、降水量非常适宜茶树生长，包括福建省、广东省、广西壮族自治区、海南省和我国台湾地区。西南茶区是中国古老的茶区，是世界茶树的原产地，包括云南省、贵州省、四川省、西藏自治区东南部。江南茶区是我国茶叶的主要产区，茶叶年产量占全国茶叶的一半以上，包括浙江省、湖南省、江西省，以及安徽、江苏、湖北的南部地区。江北茶区气温较低，但茶叶很有特色，以生产绿茶为主，包括河南省、陕西省、甘肃省、山东省，以及安徽、江苏的北部地区。

华南茶区之武夷山山场

广东茶文化，生活中的饮茶艺术

广东地处亚热带，气候湿热，温度常年较高。这里的人们将喝茶当作生活中必不可少的事情，上至耄耋老人，下至几岁的孩子，对茶都有一种天生的热爱。

在广东，人们有吃早茶的习惯，茶楼则是吃早茶的场所。如果广东人对你说“停日请你去饮茶”，就是请你吃饭的意思。广东人饮茶会搭配上各式各样的茶点，随着时代的发展，茶点的种类也更加丰富，但广东人饮茶、吃饭的生活习惯是一脉传承的，他们讲究的是生活中的饮茶艺术。

大城市中有豪华、高档的茶楼，虽然茶点的品质上乘，服务周到，但却少了几分宁静和意境。反倒是在一些乡间的小茶馆，依山傍水，环境优雅，虽然是“一盅两件”的最低标配，却更加贴近传统广东人的饮茶文化，多了几分质朴和淡然，人们在饮茶的过程中也诉说、体会着生活的酸甜苦辣，也许这才是最真实的“粗茶淡饭”吧！

广东人的早茶

夏季宜饮绿，冬季宜饮乌

常饮茶对人体健康有着很多帮助，但喝茶也要因人而异、因时而异。不同的季节、气候对人体有不同的影响，饮茶的习惯也应顺应自然的变化而变化。炎炎夏日，人的体能消耗比较大，出汗较多，精神容易慵懒不振作，此时喝绿茶能起到生津解渴、提神醒脑、清热去火的功效。冬天严寒，人体需要一定的热量，乌龙茶由于具有半发酵的特点，其脂肪含量高于其他茶类，同时它中正平和、香气浓郁、口感醇厚，不仅不会刺激肠胃，还能起到暖胃的效果，所以在寒冷的冬日饮用乌龙茶再合适不过了。

北方茶文化，雅致闲适，兼容并蓄

众所周知，北方是很少产茶叶的（仅在部分区域有小范围种植），但北方人同样爱茶、喜欢饮茶，北方人饮茶自然要靠茶叶的运输来实现。事实上，在古代，北方人养成饮茶习惯的时间要晚于南方人，而随着饮茶之风的盛行，不仅北方人喜欢饮茶，外国人也逐渐爱上了中国的茶叶。在17世纪，晋商开辟出了一条“万里茶道”，将中国茶叶远销到俄国和欧洲。

北方人喝茶更加随性、自在，随着现代物流行业的快速发展，北方的茶叶市场也是琳琅满目，北方人能够喝到全国各地的名茶。虽然说北方不产茶叶，但茶叶到了北方，一些茶商也将它打上了北方的烙印。驰名全国的茉莉花茶在北方有着十分广阔的市场，人们喜欢喝茉莉花茶，而且特别偏爱那些几十年、上百年的老字号，这些老字号在北方茶友心目中占有十分重要的地位。

北方人喝茶不像广东人那么讲究工夫茶的程式，也不像江浙茶客那么重视清丽典雅的形式，他们喜欢一种闲适的状态。以北京、天津为例，这些城市的市民茶文化其实是非常丰富的，人们喜欢去茶馆、茶楼喝茶，有的地方还有相声、戏曲、评书等表演，给饮茶者更好的休闲体验。老舍先生的作品《茶馆》其实也是北方茶客饮茶文化的一个缩影，茶馆是人们社交的平台，这些地方有来自各个行业的人，是展示真实的社会活动的场所。北方还流行“大碗茶”，人们不拘泥于精美的茶具和细致的冲泡过程，只要能喝上一碗茶就满足了，这也展现出了生活在这方水土上的人们的性格。

北方的“大碗茶”

中国纬度最靠北的茶

中国有十分广泛的茶叶产区，在北方一些气候、土壤条件适宜的地区也种植茶叶，那么中国纬度最高的茶叶品种是什么呢？相信不少人会认为是河南的信阳毛尖，其实还有比信阳毛尖种植纬度更靠北的茶，就是山东青岛的崂山绿茶。崂山绿茶是“南茶北引”的成果，生长在大约北纬36°、东经120°的区域，崂山绿茶栽培与生产的历史并不长，但一经栽培就成了崂山的名片，享誉全国，它以“叶厚、味浓、豆香、耐泡”等特征为广大茶友所喜爱。

崂山绿茶

第七章

洗尽古今，茶香幽远

茶作为一种饮品经过了时间的沉淀而经久不衰，被从古到今的茶客们喜爱。茶在带给人们愉悦的品饮体验的同时，也与众多的文化艺术形式产生了关联，与历史上的名人结下了不解之缘，也正因此,茶文化得到了更加广泛的传播和更加深刻的诠释。

一缕茶香，穿越古今，在不同的时空当中展现出它无穷的魅力。

诗歌中的茶

中国是茶的国度，也是诗歌的国度，茶与诗人之间有一种天然的联系，历代诗人们创作了许多脍炙人口的作品表达对茶的喜爱和思考，茶诗不仅在中国文学史上占有重要地位，在中国茶叶史上同样留下了浓墨重彩的一笔。

元稹《一七令・茶》

一七令・茶

茶，

香叶，嫩芽。

慕诗客，爱僧家。

碾雕白玉，罗织红纱。

铫煎黄蕊色，碗转曲尘花。

夜后邀陪明月，晨前独对朝霞。

洗尽古今人不倦，将知醉后岂堪夸。

唐代诗人元稹的这首《一七令·茶》对茶叶的描写既雅致又全面，是不可多得的茶诗名作。诗中描写道：茶是由香叶、嫩芽制作而成的，它深受人们喜爱，不论是诗人还是僧侣都对它情有独钟；用白玉将茶叶碾碎，再以红纱筛分，将茶烹制呈黄蕊的颜色，盛到碗中如花朵般美丽；喝茶不分时辰，可以在有明月的夜晚，也可以在布满朝霞的清晨；茶的美妙让古人和今人不断地追求，若是醉酒之后饮茶，还有提神解酒的功效。

香叶，嫩芽

白居易《山泉煎茶有怀》

山泉煎茶有怀

坐酌泠泠水，看煎瑟瑟尘。

无由持一碗，寄与爱茶人。

白居易的这首小诗写得非常简单，其可贵之处是道出了爱茶之人最质朴、最真实自然的情感。诗中写道：坐在那里舀一些清凉的泉水，看着正在煎煮的茶粉。端起一碗好茶不需要什么理由，只是想将这份爱茶的情感传递给同道中人。

无由持一碗，寄与爱茶人

卢仝《七碗茶诗》

七碗茶诗（节选）

一碗喉吻润，二碗破孤闷。

三碗搜枯肠，唯有文字五千卷。

四碗发轻汗，平生不平事，尽向毛孔散。

五碗肌骨清，六碗通仙灵。

七碗吃不得也，惟觉两腋习习清风生。

蓬莱山，在何处？玉川子乘此清风欲归去。

唐代诗人卢仝的这首《七碗茶诗》历来被人们所推崇，节选的这

临溪烹茶

部分向人们传递了饮茶的层次、境界，可谓茶诗中的绝唱。卢仝因为创作了这首茶诗，被后世尊称为“茶仙”。诗中写道：饮茶一碗觉得喉咙滋润，两碗能破除烦闷；三碗喝下原本文思枯竭，却生出文字五千卷；喝到第四碗浑身发汗，生活中不平之事都不重要了，它们从毛孔中都散发出去了；喝到第五碗，肌肉骨头感觉十分清奇，第六碗喝下就能与仙人沟通了；第七碗茶喝下去，感觉腋下生风，我似乎能乘着这清风飞到蓬莱山去了。

郑邀《茶诗》

茶诗

嫩芽香且灵，吾谓草中英。

夜臼和烟捣，寒炉对雪烹。

惟忧碧粉散，常见绿花生。

最是堪珍重，能令睡思清。

五代诗人郑邀这首《茶诗》描写了茶叶的由来、茶叶的烹制、茶叶的形态、茶叶的功效，娓娓道来，细致而全面。诗中写道：清香且灵动的嫩芽是草木中的佼佼者，深夜中将它捣碎，适合用茶炉在雪天烹饮；我原本担心绿色的茶粉被水冲散了，却见它在水中如花一般绽放，最让人珍惜和看重的是它能让人提神益思的功效。

茶粉

苏轼《西江月·茶词》

西江月·茶词

龙焙今年绝品，谷帘自古珍泉。

雪芽双井散神仙。

苗裔来从北苑。

汤发云腴酽白，盏浮花乳轻圆。

人间谁敢更争妍。

斗取红窗粉面。

苏轼这首《西江月·茶词》是用来咏茶道的，宋代茶道精雅绝伦，茶客们一般是将茶叶研成粉末，再放入茶盏，以沸水煮饮。人们对茶叶的质量，用水的要求，烹制的技术都十分讲究，所以出现了“斗茶”的盛况。词中写道：这是今年的极品贡茶，要用谷帘泉的瀑布水冲饮；雪芽、双井茶品饮之后能够通仙，这些香茗都是来自北苑的茶；茶花一发，似白云般柔软、丰满，茶盏上浮动着油花轻灵又圆润；人世间还有比这更美丽的东西吗？茶就好比深闺红窗中的美女，让人赏心悦目。

点茶法流行于宋代

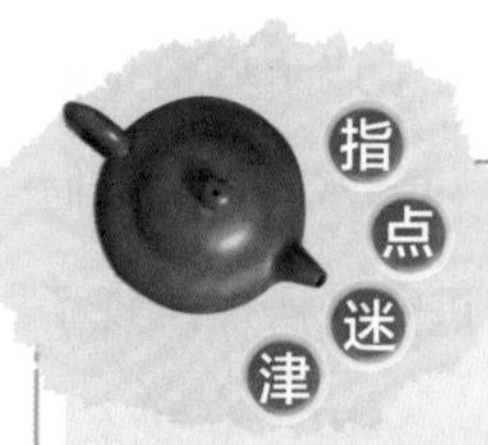

品茶术语

日常饮茶时，一些有一定品鉴水平的茶客经常会说一些比较专业的品茶术语，这些术语代表着一定的含义。当喝完茶之后喉咙感觉很滋润、舒服，我们可以叫作“喉韵”。茶汤入口之后，先苦涩后甘甜就叫作“回甘”。咽下茶水之后，口腔内有明显的唾液分泌就叫作“生津”。如果茶汤喝下后喉咙干涩就叫“锁喉”。杯中茶水喝完，细闻杯底能感受到一股幽香，就叫作“挂杯香”。

茶歌文化

茶歌是中国特有的茶文化现象，它是由劳动人民在茶叶生产、品饮过程中创作出来的。很多茶歌是由文人整理和谱曲创作的，但还会返回民间，流传于劳动人民群体当中。茶歌自古有之，内容上既有对现实中苦难生活的写照，也有对火热劳动场景的描写，更有对美好生活的期待。浙江有一首传统民歌《采茶舞曲》，带有浓郁的越剧风格，是采茶人在采茶过程中演唱的歌曲。这首歌知名度很高，到现在仍然被人们传唱。歌曲中表现了劳动人民怀着愉快的心情勤劳生产、珍惜时光的情形，同时表达了人们对未来美好生活的向往。

茶园采茶

《红楼梦》中的茶

《红楼梦》是中国古典小说的高峰，是一部百科全书式的杰作，它的作者曹雪芹是一位懂茶、爱茶之人，据红学家研究，在《红楼梦》全书中作者提到的茶事有200多次，并且用很大的篇幅详细论述了与茶相关的烹茶用水、饮茶器具、品茶方法、不同种类的茶与健康的关系，真可谓“一部红楼梦，满纸茶叶香”。

深谙“健康饮茶”

《红楼梦》中人物的生活离不开茶，他们也非常懂得“健康饮茶”。在《红楼梦》第三回林黛玉进贾府的描写中，众人吃过饭后丫鬟捧上了茶，黛玉由于身体弱，想起了父亲平日里惜福养身的叮嘱，饭后要过一会儿再吃茶才不伤脾胃。第六十三回中贾宝玉要和姐妹们在怡红院开夜宴，林之孝家的来查夜，见宝玉还没睡觉便略带责备地让他早睡，宝玉则谎称白天吃了面，怕积食，所以多玩了一会儿。林之孝家的作为婆子们的总管，也是有生活智慧的，她建议宝玉沏一些普洱茶吃，因为普洱茶有助消化的功效，袭人和晴雯也就照做了。

普洱生茶有明显的助消化功效

谈谈“锁喉”

“锁喉”是茶友们喝茶过程中经常会遇到的情况，就是茶汤在下咽的时候，让我们的喉咙产生了一些不舒服的感觉，这是怎么造成的呢？“锁喉”一般是由以下几个方面的原因造成的。

第一，茶叶火功过猛导致茶叶比较燥，冲泡后茶汤中也会带有“火气”，饮之则喉咙干涩。

第二，茶叶保存不当导致变质发霉，这种茶喝了也会让人“锁喉”。

第三，“锁喉”最常见的原因是茶叶上的农药残留超标，这类茶喝了不仅喉咙会有不适感，还会对人的健康造成危害。

因此，当我们遇到喝起来“锁喉”的茶，不用考虑太多，拒绝饮用才是正确的选择。

烹茶用水的讲究

古人饮茶的用水，以“活水”为佳，《红楼梦》中的爱茶之人对此也十分讲究。第二十三回中，贾宝玉住进大观园，无比逍遥，还写了几首即事诗，其中《冬夜即事》写道“却喜侍儿知试茗，扫将新雪及时烹”，当一场冬雪来临时，宝玉兴奋地让丫鬟将雪收集起来烹茶，认为这是大自然赠予的上等用水。第四十一回“栊翠庵茶品梅花雪”中更是对烹茶用水讲究到了极致，妙玉给贾母泡的茶用的是“旧年蠲的雨水”，而她请宝钗、黛玉等人喝茶，用的水是五年前在蟠香寺居住时雪后梅花上的雪水，共收集了一瓮，埋在地下五年才拿出来吃的，妙玉的这般操作，常人是难以实现的。

妙玉喜欢用梅花雪烹茶

贾母拒绝“六安茶”

《红楼梦》第四十一回还写到贾母等人吃过酒肉后到栊翠庵闲逛，怕得罪了菩萨，就决定只在院子里坐坐。妙玉给贾母端过来泡好的茶后，贾母说“我不吃六安茶”，妙玉回答说“知道，这是老君眉”。一问一答，平淡无奇，却包含了许多茶叶的学问。贾母作为老年人，注重养生，不敢吃性寒的六安茶（现在的六安瓜片），妙玉早已考虑周到，为贾母准备的是茶性温和的老君眉，具有消食解腻的作用。

六安瓜片是绿茶中的精品，茶性偏寒

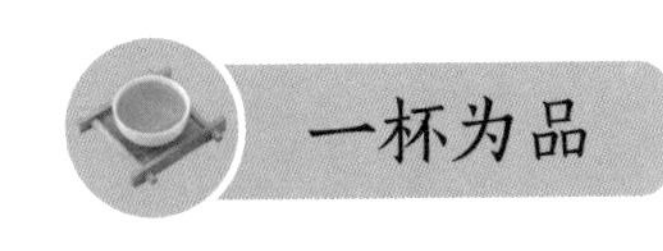

一杯为品

饮茶是生理需求，品茶是心境的写照。妙玉有一套品茶的理论，她说，“一杯为品，二杯就是解渴的蠢物了，三杯则是饮牛饮骡了”。这一观点虽然过于严苛，但传达了品茶的要旨——品茶在精细，不在多饮。“品”字由三个“口”组成，就是告诉我们，品茶要小口慢咽，细细体会茶汤滋味。

妙玉的珍奇茶具

《红楼梦》中对于饮茶器具也十分讲究，妙玉在栊翠庵为贾母奉茶时使用的是成窑五彩小盖盅，请黛玉、宝钗喝茶的时候，用的是晋代富豪王恺珍藏、宋代大文豪苏东坡把玩过的珍奇茶具，造型古朴，名字也很别致。宝钗用的叫作“𤵏瓟斝”，黛玉用的叫作“点犀䀉”，而她自己日常用的是“绿玉斗”，这些都是精美绝伦、价值连城的茶具。

三杯成趣

名人与茶

苏轼与茶

苏轼是中国文化史上最光彩照人的人物之一，他除了在艺术领域有极高的成就，更是一位充满生活智慧的人。苏轼一生辗转奔波，在各地接触到了众多好茶，他那些脍炙人口的诗句充分表达了对茶的喜爱。当他路过淮河时，曾说“淮南茶，信阳第一”，他在密州任职期间写下了“休对故人思故国，且将新火试新茶”的名句，他去惠州拜访友人时，写下了“独携天上小团月，来试人间第二泉”的句子，当他收到朋友从福建壑源山寄来的茶叶时更是用“从来佳茗似佳人”表达了内心的喜悦。苏轼的一生与茶有着不解之缘，他的生命轨迹也为茶文化的传播起到了重要作用。

东坡居士雕像

爱茶的皇帝

在古代，饮茶之风的盛行离不开统治者的推崇，历史上有很多皇帝喜欢喝茶，并且建立了“贡茶”的制度，有的皇帝更是以自己的亲身经历推广了茶文化。宋徽宗曾经写过一部《大观茶论》，是后世研究宋代点茶的重要文献；康熙皇帝南巡期间，曾经为碧螺春命名；乾隆皇帝更是一位资深老茶客，曾经对臣下说“君不可一日无茶”。统治者爱茶，并建立相应的制度和机构，是中国古代茶文化得以发展的重要因素之一。

郑板桥的对联

郑板桥是清代著名的诗人和书画家，写过很多赞美茶叶的诗句。他也是一位清廉的官吏，经常衣着朴素微服私访。有一次，他走进了一家茶馆，店家见他衣着普通不像有钱人，便冷冷说道："坐，茶。"郑板桥不以为然，与人攀谈起来，店家见他举止不凡，谈吐很有学问，就说"请坐，上茶！"一会儿，店里有人认出了这是郑板桥，店家才知道他的真实身份，连忙过来招呼，并热情地说："请上座，上好茶！"郑板桥临走时，店家请他为自己的店铺题写对联，郑板桥挥笔写下了"坐，请坐，请上座""茶，上茶，上好茶"。店家羞愧难当，明白了不能趋炎附势、以貌取人的道理。

茶无上品，适口为珍

“茶无上品，适口为珍”这句话是说，茶叶是用来喝的，它的价值在于能否取悦喝茶的你，只要它的口感滋味让你喜欢，那就是好茶。茶叶的本质是树叶，并不是奇珍异宝。不同的人饮茶有不同的习惯，每天喝价格昂贵的正岩茶、金骏眉的人并不一定就懂茶，一些红茶、茉莉花茶的茶叶品质也非常好。也就是说，对于茶叶的品质，不能完全以价格去衡量，也不能以品类去界定。只要在价格上、品饮感受上能够得到你的认可，在喝茶过程中没有感受到不佳的体验，那就是适合你的好茶。

茶无上品，适口为珍

陈毅与竹叶青

陈毅是一位文学修养极高、喜欢饮茶的元帅，一次他途经四川峨眉山，在山上的万年寺休息时，寺内僧人泡了一杯新采的峨眉高山绿茶招待陈毅，陈毅元帅品尝后顿觉清香袭人，鲜醇回甘，于是问僧人这是什么茶。僧人回答说是从峨眉山采摘的茶叶，还没有名字，并请求陈毅为此茶命名。陈毅见杯中茶叶根根芽尖，形似竹叶，青翠无比，便给峨眉高山绿茶取名为“竹叶青”。

竹叶青形似竹叶，冲泡后根根直立

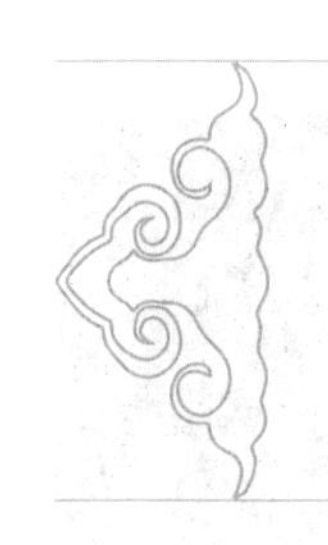

佛家与茶

佛家历来推崇饮茶，这是因为茶这一大自然的馈赠为僧人提供了无可替代的饮品，而僧人与寺庙也促进了茶叶的生产与发展。历史上众多僧人都爱茶，并把茶作为修身静心的最佳伴侣。僧人们为了满足自己的饮茶需求以及招待访客，一般会有自己的茶园，“自古名茶出名寺”便是这个原因。佛教在推动茶叶生产发展的同时，也为茶道的产生奠定了物质基础。唐代诗僧皎然曾写过一首《九日与陆处士羽饮茶》：“九日山僧院，东篱菊也黄。俗人多泛酒，谁解助茶香。”意思是：在世俗面前，菊花会被用来泡酒，而佛家则用它增进茶香。这几句描写既表现了佛家与茶的关系，又有一种禅意。佛家僧人推崇饮茶，创作茶诗，生产茶叶，进行多种多样的茶事活动，同时将佛理与茶道哲学相结合，这是中国茶文化的独特现象。

“吃茶去”

饮茶之风最早始于僧家，“吃茶去”的故事体现了“茶禅一味”的佛学理念。唐代的从谂禅师曾长期在赵州观音寺修行，一日，有两位远道而来的僧人来拜访他，从谂禅师问其中一个僧人：“你来过这里吗？”僧人回答：“来过。”禅师说道：“吃茶去。”禅师又问另一个僧人：“你来过这里吗？”僧人回答说：“没有来过。”从谂禅师还是说道：“吃茶去。”这就是千古禅林法语“吃茶去”的来历。对于“吃茶去”，不同的人有着不同的理解，从谂禅师对两个僧人做出一样的回答，事实上是传达给他们一个禅理：来或者没有来过这里都不重要，生活本身就是修行。“吃茶去”体现出的正是一种豁达的胸怀、洒脱的人生、自在的境界！

佛教用品与茶

道家与茶

道家追求清静无为，崇尚自然，这与茶叶源自大自然的物质基础十分吻合。道家认为饮茶能让人轻身换骨，有益神思，羽化登仙，从而实现“天人合一”的境界，“天人合一”也是茶道的重要哲学思想之一。道家学说崇尚自然、朴素、淡泊、隐逸，寄情于山水之间，放浪于溪谷之畔，他们为茶道注入了灵魂，追求回归到自然之内。接受了道家的茶道思想的中国茶人对大自然无比热爱，喜欢亲近自然，融入自然，忘情于自然，与大自然交流，在自然中体会到生命的渺小和自然的玄妙。

道法自然

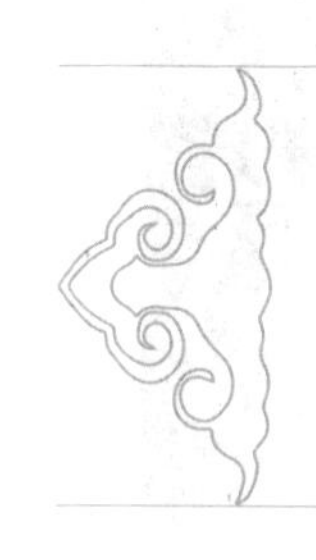

儒家与茶

中华茶文化，融儒、释、道三家哲学思想于一体，儒家思想崇尚中庸、中和、积极入世，主张待人要宽厚、仁爱，寻求天、地、人、物、我的和谐之道。对于自身来讲，就要修身、齐家、治国。

儒家茶文化融儒家思想于茶之中，讲究修身养性的仪式规范，尊崇森严的等级制度。饮茶的过程也是对人们进行礼法教育和道德修养的过程，茶道要“廉、美、和、敬”，也就是廉俭育德、美真康乐、和诚处世、敬爱为人。其核心内涵在于一个“和”字，无论是茶艺、茶礼、茶德、茶学还是茶道，无不突显了茶道之和，通过茶事的进行，引导个体在美的享受中完善品格，提高修养，以达到和谐之道。

儒家的茶道思想能够教化人心，对人们的思想和行动可以起到指导和制约的作用。

饮茶即修身

茶和世界

茶叶作为一种商品和生活调剂品，在其发展与传播的历史上对其他国家的生活方式也产生了深远的影响。从古代开始，茶叶就作为一种对外交流的载体受到各个国家的喜爱。

在 9 世纪的唐朝时期，日本受中国影响，饮茶之风也盛行起来，日本贵族争相模仿中国人品茶，这是日本茶道的初始。12 世纪，日本僧人从中国将茶树带回日本种植，从此日本茶文化得以发展，最终形成了日本茶道。

17 世纪初，荷兰人通过海上丝绸之路率先将中国茶叶销往欧洲各国。与此同时贯穿中国和俄国的“万里茶道”也为茶叶远销欧洲各国发挥了重要作用。

18、19 世纪，英国等国已经将茶叶作为大众饮品，饮茶文化已经融入很多国家的文化中。由此可见，中国茶文化对世界上许多国家都产生了深远的影响。

2008 年，具有几千年历史的中国向世界展示了中国茶文化，北京奥运会开幕式上，在鸟巢中央一幅巨型画卷上，出现了茶字和陶瓷，展示了中国茶文化的发展与对外传播。

这片神奇的东方树叶传播到世界各地后，改变了人们的生活方式和思维理念，拉近了中国与世界的距离，更承载着许多积极的意义和深远的情怀。

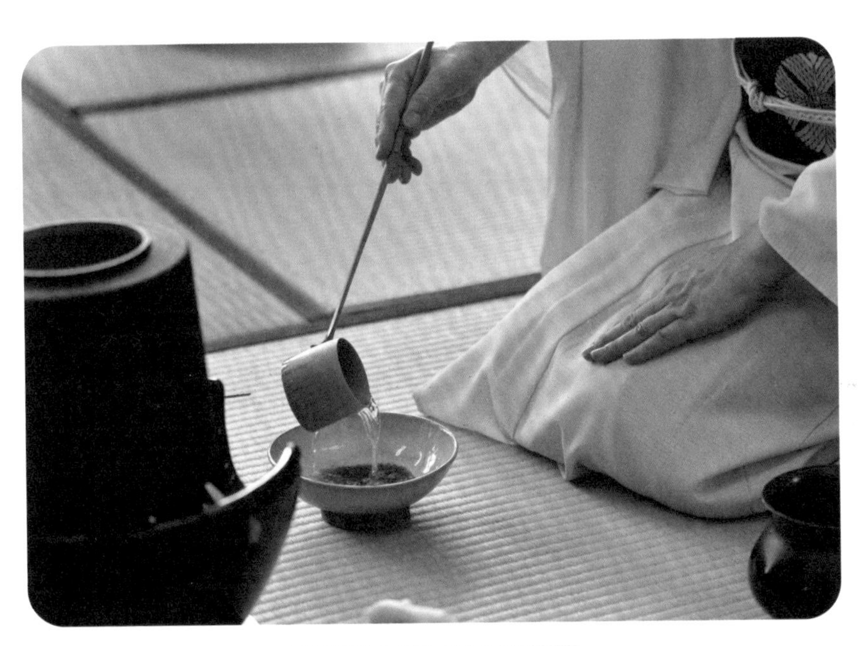

深受中国影响的日本茶道

余论

中国茶文化经过了几千年的发展，在当代迎来了前所未有的新机遇。当代社会，信息网络发达，交通运输便捷，人们的思想也更加开放，茶叶作为融物质与精神于一体的代表，越来越受到不同阶层、不同年龄、不同国籍的人们的喜爱。因此，如何进一步传承与发展中国茶文化成为值得我们思考的问题。

非遗推动茶文化发展

茶类制作技艺作为一种传统手工技艺，对它最重要的保护就是使其得到传承和发展。

2003 年 10 月 17 日，联合国教科文组织通过了《保护非物质文化遗产国际公约》，将“非物质文化遗产”界定为“被各群体、团体、有时为个人视为其文化遗产的各种实践、表演、表现形式、知识和技能及其有关的工具、实物、工艺品和文化场所”，“传统的手工艺技能”为其中的一个方面。2006 年 5 月 20 日，在国务院公布的《第一批国家级非物质文化遗产名录》中，武夷岩茶 (大红袍) 制作技艺作为“传统手工技能”榜上有名。2008 年 6 月 14 日，花茶、绿茶、红茶、乌龙茶、普洱茶、黑茶制作技艺被列入《第二批国家级非物质文化遗产名录》。2009 年 5 月 26 日，在文化部公布的《第三批国家级非物质文化遗产项目 711 名代表性传承人名单》中，确定了武夷岩茶、花茶、绿茶和乌龙茶的制作技艺的传承人分别为叶启桐 (武夷岩茶），王秀兰（花茶），杨继昌和谢四十（绿茶），魏月德和王文礼（乌龙茶）。

绿茶的加工制作

上述几种茶叶制作技艺基本包括了中国各大茶类不同的茶叶制作技术，它们被纳入国家级非物质文化遗产名录，显示出国家在行政体系内对茶叶生产技术的整体保护，而从收入名录到传承人的确定也正是这种保护的进一步体现，因为这些传承人是非物质文化遗产的重要承载者和传递者，掌握着非物质文化遗产的丰富知识和精湛技艺，是非物质文化遗产活态传承的代表性人物。

在这些名录和传承人名单公布以后，围绕着他们的宣传活动有许多，既有地方大力扶持的，也有茶叶公司组织的。比如，2009 年，文化部、国家发改委、教育部、科技部等 14 个部门合作在北京举办了中国非物质文化遗产传统技艺大展系列活动，武夷山市采取图片展示、文字介绍、播放专题片、茶艺展示、实物模具、制茶工具展示等形式，展示了武夷岩茶独特的制作工艺，而大红袍非物质文化遗产传承人叶启桐则在现场解说献艺。

这些宣传活动客观上加强了民众对非物质文化遗产的了解，提高了作为非物质文化遗产的茶叶制作技术在普通大众中的知名度，但是由于茶叶本身也是一种商品，是茶叶产区地方政府发展区域经济或者茶企业创造效益的载体，成为“非遗”的茶叶制作技术及其传承人成为一种文化资本，而这种文化资本来源于国家对他们在该领域中的权威性的认可。作为一种传统手工技艺，我们必须首先承认它的灵活性和独创性，但是地方政府或者企业这种要将“非遗”项目“品牌化”，与市场接轨的行为，最容易导致的问题就是标准化和规模化。一旦这种传统手工技艺被进行标准化生产，它的特性无疑将面临被抹杀的危险，所以对于以“非遗”来创造品牌效应、提高商品市场竞争力的做法需要慎重。

制茶技术在被认定为非物质文化遗产之后，对于茶文化的推动和发展无疑具有非常大的积极意义，但由于茶叶本身的商品性和在传统的传承中所形成的特点（师徒式或者家族式传承），不可避免地会出现以“非遗”为噱头提高商品竞争力的现象，所以寻求一条良性发展的非遗传承之路是今后值得我们思考的问题。

走向世界的中国茶文化

经过1000多年的对外贸易和文化交流，中国茶叶已经传播到了世界各地，并结合了各个国家、各个地区独有的国情及生活习俗，成为全世界人民喜爱的饮品。目前，全世界有60多个国家种植茶叶，160多个国家和地区有茶叶消费的习惯（周圣弘、罗爱华，2017）。中国茶具有茶人精神，它所呈现的文化精髓、审美精神和真善美精神，给这一片片叶子增加了几分韵味和气节。

在经济全球化、交通和网络异常发达的今天，茶文化在当代呈现出了多元的表现形式，采用多种途径推广中国茶文化是有重大意义的。通过旅游业推广茶文化是当代的一个新兴支撑点，名茶、名山、名胜吸引着无数中外游客，游览疲倦之余饮上一杯馥郁香茗，顿时会让人神清气爽，疲劳顿消。近几年兴起的直播带货也为中国茶叶的销售打开了一条新路，以前由于信息闭塞让很多消费者对茶不甚了解，通过直播，不仅能近距离感受到各种名茶的特点，还能增长知识、欣赏茶艺，极大地拉近了消费者与茶叶原产地的距离。

中国茶文化正在以崭新的姿态展现在世界面前，它在保留原有文化底蕴的同时，顺应时代发展的规律，从远古走来，向未来走去，必将在世界文化中长久地散发出阵阵幽香。

饮茶习惯已经融入西方人的生活

参考文献

[1] 蔡荣章 . 茶道入门三篇（修订版）[M]. 北京：中华书局，2017.
[2] 蔡镇楚 . 茶美学 [M]. 福州：福建人民出版社，2014.
[3] 曹雪芹，无名氏 . 红楼梦 [M]. 北京：人民文学出版社，2014.
[4] 陈龙 . 茶鉴：中国名茶品鉴和茶艺欣赏全书 [M]. 北京：化学工业出版社，2010.
[5]《大中国上下五千年》编委会 . 中国茶文化 [M]. 北京：外文出版社，2010.
[6] 戴玄 . 从零开始学鉴茶 · 泡茶 · 赏茶 [M]. 北京：中国纺织出版社，2018.
[7] 傅德岷，卢晋 . 宋词鉴赏辞典 [M]. 武汉：崇文书局，2005.
[8] 关剑平 . 茶与中国茶文化 [M]. 杭州：浙江人民出版社，2003.
[9] 蘅塘退士编，陈婉俊补注 . 唐诗三百首 [M]. 北京：中华书局，1959.
[10] 孔庆东 . 茶道 [M]. 长春：吉林出版集团股份有限公司，2016.
[11] 林治 . 茶道养生 [M]. 北京：中华工商联合出版社，2000.
[12] 刘勤晋 . 茶文化学 (第三版) [M]. 北京：中国农业出版社，2014.
[13] 刘晓芬 . 千年茶文化 [M]. 北京：清华大学出版社，2013.

[14] 陆羽 . 茶经 [M]. 北京：中国华侨出版社，2020.

[15] 罗文华 . 趣谈中国茶具 [M]. 北京：蓝天出版社，2003.

[16] 罗学亮等 . 中国茶道与茶文化 [M]. 北京：金盾出版社，2014.

[17] 潘城，姚国坤 . 一千零一叶：故事里的茶文化 [M]. 上海：上海文化出版社，2017.

[18] 乔木森 . 茶席设计 [M]. 上海：上海文化出版社，2005.

[19] 舒萍，孙晟 . 消费的绅士化：唐代饮茶文化的形成 [J]. 广西民族大学学报，2016（9）.

[20] 孙晟，舒萍 . 试论茶类制作技艺非物质文化遗产的传承 [J]. 华章，2011（23）.

[21] 屠幼英 . 茶与健康 [M]. 西安：世界图书出版公司，2011.

[22] 宛晓春 . 中国茶谱 [M]. 北京：中国林业出版社，2007.

[23] 王欢 . 说茶：茶文化漫谈 [M]. 南昌：江西人民出版社，2014.

[24] 王建荣 . 茶道：从喝茶到懂茶 [M]. 南京：江苏科学技术出版社，2015.

[25] 王岳飞，徐平 . 茶文化与健康 [M]. 北京：旅游教育出版社，2014.

[26] 吴觉农，吕允福，张承春 . 我国西南地区是世界茶树的原产地 [J]. 茶叶，1979（01）.

[27] 吴觉农 . 茶经述评（第二版）[M]. 北京：中国农业出版社，2005.

[28] 徐馨雅 . 茶艺从入门到精通：识茶 · 鉴茶 · 品茶一本通 [M]. 北京：中国华侨出版社，2018.

[29] 杨晓明 . 说古论今茶文化 [M]. 杭州：浙江大学出版社，2000.

[30] 余悦 . 图说中国茶文化 [M]. 西安：世界图书出版公司，2014.

[31] 詹罗九 . 名泉名水泡好茶 [M]. 北京：中国农业出版社，2003.

[32] 张育松，那海燕 . 茶叶与健康 [M]. 福州：海风出版社，2009.

[33] 郑春英 . 茶艺与服务 [M]. 北京：北京师范大学出版社，2010.

[34] 郑春英 . 中华茶艺 [M]. 北京：清华大学出版社，2011.

[35] 周圣弘，罗爱华 . 简明中国茶文化 [M]. 武汉：华中科技大学出版社，2017.

[36] 周文棠 . 茶道 [M]. 杭州：浙江大学出版社，2002.

[37] 庄晚芳 . 中国茶史散论 [M]. 北京：科学出版社，1988.